基于极化分集技术的外辐射源雷达信号处理方法研究

Research on Signal Processing Method of Passive Radar Based on Polarization Diversity Technology

易钰程　曹小毛　汪　可◎著

西南交通大学出版社
·成　都·

图书在版编目（CIP）数据

基于极化分集技术的外辐射源雷达信号处理方法研究 / 易钰程，曹小毛，汪可著. -- 成都：西南交通大学出版社，2023.12

ISBN 978-7-5643-9693-0

Ⅰ. ①基… Ⅱ. ①易… ②曹… ③汪… Ⅲ. ①无源雷达 - 雷达信号处理 - 研究 Ⅳ. ①TN958.97

中国国家版本馆 CIP 数据核字（2023）第 254503 号

Jiyu Jihua Fenji Jishu de Wai Fusheyuan Leida Xinhao Chuli Fangfa Yanjiu

基于极化分集技术的外辐射源雷达信号处理方法研究

易钰程　曹小毛　汪　可　**著**

责任编辑	穆　丰
封面设计	原谋书装
出版发行	西南交通大学出版社 （四川省成都市金牛区二环路北一段 111 号 西南交通大学创新大厦 21 楼）
营销部电话	028-87600564　028-87600533
邮政编码	610031
网　址	http://www.xnjdcbs.com
印　刷	四川森林印务有限责任公司
成品尺寸	170 mm × 230 mm
印　张	10
字　数	213 千
版　次	2023 年 12 月第 1 版
印　次	2023 年 12 月第 1 次
书　号	ISBN 978-7-5643-9693-0
定　价	56.00 元

前　言　PREFACE

外辐射源雷达，又称无源雷达，是一种既古老又新兴的雷达体制，其核心特点是无须自配发射源,而是间接利用第三方发射的电磁信号来探测目标，具有电磁兼容、成本较低、隐蔽性好、抗干扰能力强等诸多优点。极化分集是一种基于多极化天线通信设备发展起来的抗干扰技术，利用不同极化状态的电磁波在信道传输过程中衰落不相关特性，通过分集有效对抗信道衰落。在雷达研究领域,极化分集技术同样可以通过改变雷达发射或接收极化方式，实现目标信号极化匹配接收，而使干扰杂波信号接收极化失配，是抑制干扰从而提高目标信噪比（Signal to Noise Ratio，SNR）的有效手段之一。基于极化分集技术的外辐射源雷达（Passive Radar Based on Polarization Diversity Technology，PRPD），可以充分利用干扰、杂波及目标极化特性的差异，提高干扰、杂波抑制能力，增强目标检测稳定性。

本书是关于极化分集外辐射源雷达研究的专著，针对外辐射源雷达中多径杂波强、目标散射回波闪烁等特点，开展了基于杂波极化特性的滤波方法与基于目标极化特性的极化分集合并技术研究。本书主要研究内容概括如下：

第一，针对多径杂波的幅度调制效应导致常规极化滤波器抑制效果变差的问题，提出了一种基于子载波处理技术的极化滤波新方法。首先讨论了多径杂波极化散射机理，分析了常规极化滤波方法在 PRPD 系统中易受强多径杂波影响导致抑制效果变差的问题；其次基于正交频分复用（Orthogonal Frequency Division Multiplexing，OFDM）信号，介绍了子载波获取方式，建立了 PRPD 系统监测通道子载波域信号模型；然后依据直达波与多径杂波在子载波域的相关特性，构建极化投影算子滤除直达波与多径杂波；最后针对极化投影算子对目标幅度、相位造成的影响，提出了一种目标信号补偿方案。仿真和实测数据表明，该方法比常规方法具有更好的直达波与多径杂波抑制效果，同时能较好补偿目标信号幅度损失及相位偏差。

第二，针对不同收发极化下目标雷达散射截面（Radar Cross Section，RCS）变化对 PRPD 探测性能带来的影响，深入研究了某一型号民航客机双基地极化散射特性，证明极化幅度比（Polarization Amplitude Ratio，PAR）在 0 dB 附近波动时，对极化分集合并技术应用较为有利。首先利用三维电磁仿真软件 HFSS 建立电磁计算仿真模型，并在固定频率条件下，通过电磁计算获得不同角度、不同极化入射波的目标全方位极化散射数据；其次利用统计方法，得到不同收发极化下，不同双基地 RCS 的概率密度，并给出了目标 RCS 均值、标准差、极大值与极小值随着双基地角的变化趋势；然后基于 PAR 概念，给出了目标的正交极化比、同极化比的概率密度统计直方图；最后利用广播式自动相关监视（Automatic Dependent Surveillance-Broadcast，ADS-B）系统获得的目标真实位置信息，仿真得到该飞行航线下目标的 RCS 与 PAR。仿真与实测数据分析表明该型号客机在实验频率下，当入射电磁波为垂直极化时，同极化接收 SNR 并未明显优于正交极化，为后续极化分集合并方法的研究奠定了基础。

第三，针对极化非相干积累（Polarization Non-Coherent Integration，P-NCI）检测方法在合并多极化通道时，因为极化通道间 SNR 的不平衡导致检测效果不稳定的问题，提出了一种 PRPD 的极化分集加权合并（Polarization Diversity Weight Combining，PDWC）检测方法。首先给出了信号处理流程，流程包含极化阵列校准、参考信号提取、杂波抑制、匹配滤波以及恒虚警率检测，其中详细分析了极化阵列校准对到达角（Direction of Arrival，DOA）估计以及极化滤波器杂波抑制性能的影响；其次介绍了一种基于 P-NCI 的检测方法，该方法能在一定程度上改善目标回波闪烁带来的单极化检测效果不好问题，但稳定性欠佳；最后基于 P-NCI 检测方法的不足，提出了一种基于 PDWC 的检测方法，并建立了 PDWC 数据模型，分析了系统检测性能及实现目标检测的具体步骤。仿真研究与实验结果表明，相较于 P-NCI 检测方法，PDWC 检测方法不易受极化通道间 SNR 不平衡的影响，具有更好的检测稳定性。

第四，针对 PRPD 系统极化分集实验的需求，设计了一款双通道极化天线，开展了极化分集合并与极化滤波实验，获取了丰富的实验数据，实验结果与理论仿真分析相符，证明了极化天线及实验系统的有效性。首先以性能优良的八木天线为基础，设计实验用极化天线；然后利用电磁仿真软件 HFSS 建立极化天线模型，确定天线基本结构；最后对天线性能进行仿真分析，并与实测结果进行了对比。该天线极化隔离度在实验频段超过 20 dB，满足实验需求。

第五，针对极化天线阵列校准需同时考虑天线之间和正交通道间的幅相误差问题，设计了一种有源极化阵列校准方案。首先分析了常规天线阵列误差模型，由此推导出极化天线阵列误差模型；其次进行了仿真实验分析，结果表明极化阵列误差会降低目标 DOA 估计精度，并导致极化滤波器性能变差；最后通过实验验证了校准对PRPD系统探测性能的影响，校准后系统DOA估计精度提高，极化滤波器杂波抑制效果改善 3 dB。

本书由易钰程博士执笔，曹小毛博士和汪可博士参与审校全稿，并提供了多方面的支持和帮助，在此一并感谢。

本书是在作者易钰程博士学位论文（基于极化分集技术的外辐射源雷达信号处理方法研究，武汉大学，2019）基础上研究形成的专著，获得了江西省自然科学基金项目“基于极化分集技术的外辐射源雷达干扰抑制与目标合成方法研究（20212BAB202005）”“面向智能车路云协同的边缘计算网络多点协作任务调度及资源配置优化（20232BAB202019）”，江西省重点研发项目“轨道交通被动防撞预警辅助系统研究（20202BBEL53014）”以及江西省教育厅科技项目“基于极化认知的外辐射源雷达动态融合及智能选频技术研究（GJJ200667）”的支持。

本书将极化分集技术引入到外辐射源雷达中，对复杂环境下外辐射源雷达信号处理具有一定指导意义。为了便于读者阅读，本书有必要的缩写解释以及大量相关文献资料，对于希望从事该领域研究的科技工作者无疑是有益的。由于时间仓促，水平有限，同时该领域仍处于迅速发展之中，书中不妥和疏漏之处在所难免，恳请各位专家和读者批评指正。

易钰程

华东交通大学信息工程学院

2023 年 8 月

缩写语说明

缩写语	英文名称	中文名称
ADBF	Adaptive Digital Beam Forming	自适应数字波束形成
APC	Adaptive Polarization Canceller	自适应极化对消器
ADS-B	Automatic Dependent Surveillance Broadcast	广播式自动相关监视
ARM	Anti-radiation Missile	反辐射导弹
BBC	British Broadcasting Corporation	英国广播公司
CFAR	Constant False Alarm Rate	恒虚警率
CMMB	China Mobile Multimedia Broadcasting	中国移动多媒体广播
CP-OFDM	Cyclic Prefix-Orthogonal Frequency Division Multiplexing	循环前缀正交频分复用
CSNR	Composite Clutter Signal to Noise Ratio	合成杂波信号噪声比
DAB	Digital Audio Broadcasting	数字音频广播
DCNR	Direct-path Clutter to Noise Ratio	直达波杂波噪声比
DNR	Direct-path to Noise Ratio	直达波噪声比
DOA	Direction of Arrival	到达角
DPDWC	Detection based on Polarization Diversity Weight Combining	极化分集加权合并检测
DTMB	Digital Television Terrestrial Multimedia Broadcasting	数字电视地面多媒体广播
DVB-T	Digital Video Broadcasting-Terrestrial	数字地面广播电视
ECA	Extended Cancellation Algorithm	扩展相消算法
ECA-B	Extended Cancellation Algorithm-Block	分快扩展相消算法
ECA-C	Extended Cancellation Algorithm-Carrier	载波扩展相消算法

缩写语	英文名称	中文名称
EGC	Equal Gain Combining	等增益合并
FM	Frequency Modulation	调频
FFT	Fast Fourier Transform	快速傅里叶变换
GI	Guard Interval	保护间隔
GPS	Global Position System	全球定位系统
ICI	Inter Channel Interference	信道间干扰
ISI	Inter Symbol Interference	符号间干扰
LNA	Low Noise Amplifier	低噪放大器
LS	Least Squares	最小二乘
MLP	Multinotch Logic-product Polarization	多凹口逻辑极化滤波器
MLP-APC	Multinotch Logic-product Polarization Adaptive Polarization Canceller	多凹口逻辑自适应极化对消器
MLP-SAPC	Multinotch Logic product Polarization Symmetric Adaptive Polarization Canceller	多凹口逻辑对称自适应极化对消器
MRC	Maximal Ratio Combining	最大比合并
MUSIC	Multiple Signal Characteristic	多重信号分类
MVDR	Minimum Variance Distortionless Response	最小方差无失真响应
NPSP	Null Phase Shift Polarization	零相移极化滤波器
OFDM	Orthogonal Frequency Division Multiplexing	正交频分复用
PAR	Polarization Amplitude Ratio	极化幅度比
PRPD	Passive Radar Based on Polarization Diversity Technology	极化分集外辐射源雷达
PDWC	Polarization Diversity Weight Combining	极化分集加权合并

缩写语	英文名称	中文名称
P-ECA	Polarization Extended Cancellation Algorithm	极化扩展相消算法
P-NCI	Polarization Non-coherent Integration	极化非相干积累
P-GLRT	Polarization Generalized Likelihood Ratio Test	极化广义似然比检验
RCS	Radar Cross Section	雷达散射截面积
RD	Range Doppler	距离-多普勒
SC	Selection Combining	选择合并
SCPF	Sub-carrier Polarization Filter	基于子载波处理技术的极化滤波器
SIR	Signal to Interference Ratio	信号干扰比
SINR	Signal to Interference plus Noise Ratio	信号干扰噪声比
SNR	Signal to Noise Ratio	信号噪声比
SSC	Switch-to-Stay Combining	切换驻留合并
UAV	Unmanned Aerial Vehicle	无人飞行器
VPA	Virtual Polarization Adaptation	虚拟极化适配
VSWR	Voltage Standing Wave Ratio	电压驻波比

目　录　CONTENTS

第1章

绪　论

1.1　研究背景

雷达，为英文单词 Radar 的音译，起源于第二次世界大战，发展于战后，是一种利用电磁波信号探测目标的电子设备。近年来，随着我国低空空域的逐渐开放，低空飞行器的活动日益频繁，给民用航空的起降安全带来威胁，急需建立和完善低空监控与预警体系。现有的低空监视雷达成本昂贵、部署复杂，严重阻碍了低空开放的进程。但是挑战与机遇并存，外辐射源雷达以其优良的低空覆盖特性、较低的成本与易于部署等特点被广泛关注，成为新体制雷达研究的热点之一[1-2]。

外辐射源雷达，又称为外源雷达或无源雷达，其设备自身不向外辐射电磁波，而是利用第三方照射源来实现目标的探测、定位与跟踪。其中，第三方照射源可以是广播电台、通信基站及卫星等设备发射的信号。图 1.1 所示为外辐射源雷达目标探测原理，系统同时接收发射站辐射的直达波信号与目标散射回波信号，通过信号及数据处理获得目标的距离、速度、方位等信息。

1. 外辐射源雷达优点

与主动雷达对比，外辐射源雷达具备以下几个优点[3-5]：

1）绿色环保，无须频率分配

外辐射源雷达利用空间已有的电磁波进行目标探测，因此无须重新规划频率，不会对环境造成电磁辐射污染，也不会对军用与民用电子设备产生干扰。

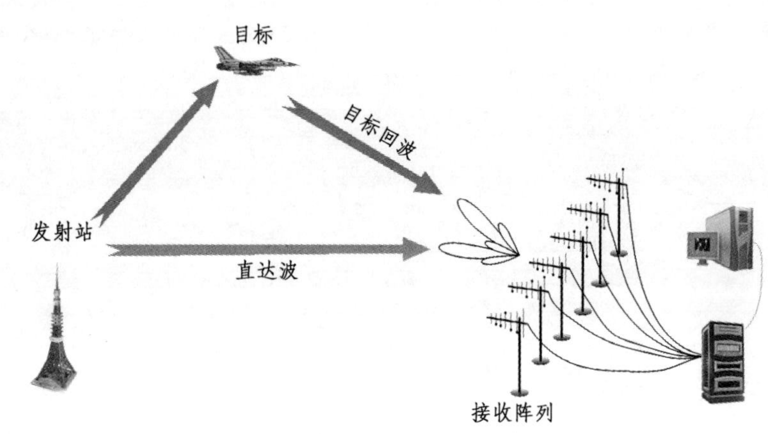

图 1.1 外辐射源雷达目标探测原理示意图

2）系统生产与维护成本较低

外辐射源雷达依靠第三方照射源进行探测，不需要发射设备，节约了雷达系统的生产成本。同时，相对主动雷达，其系统结构简单，后期维护成本也较低，利于外辐射源雷达大规模部署。

3）抗干扰及打击能力强

外辐射源雷达收发分置，被动接收电磁波，不会主动诱导反辐射导弹（Anti-radiation Missile，ARM）对其进行打击和摧毁，且可对 ARM 实施反定位，具有对抗 ARM 的能力。在现代战争中，外辐射源雷达具有较强的战场生存能力，接收站静默，隐蔽性好，使敌方难以发现、干扰及摧毁。

4）低空覆盖性能好

广播电视信号、通信信号等外辐射源信号多采用高塔架设，波束辐射方向指向地面，低空覆盖特性好，从而使外辐射源雷达实现低空探测。

2. 极化分集技术

在外辐射源雷达信号处理技术中，时域、空域等方法具有较好的干扰抑制性能，但是恶劣的电磁环境给时域与空域处理方法带来了考验，“低、慢、小”目标对外辐射源雷达性能提出了更高的要求。极化分集技术作为一种良好的抗干扰手段[6-9]，已成为外辐射源雷达性能提升的主攻技术之一。在复杂多径传播环境下，基于极化分集技术的外辐射源雷达探测场景如图 1.2 所示。

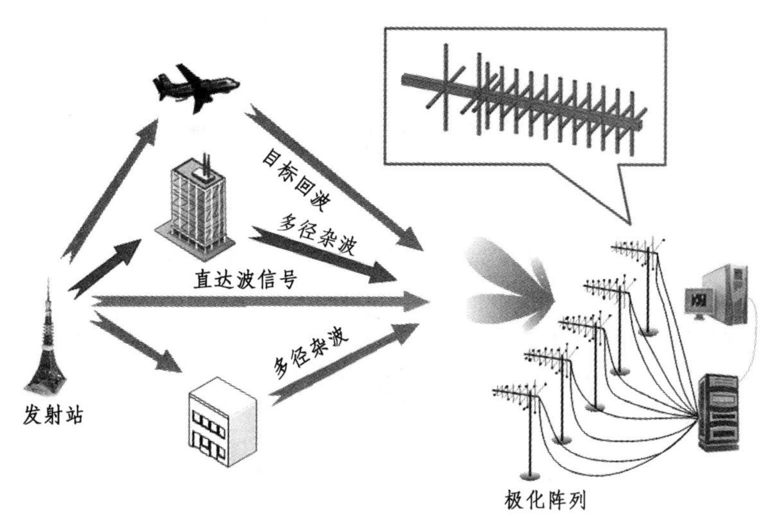

图 1.2 PRPD 工作场景示意图

极化分集多运用于通信与雷达领域。在通信领域研究中，由于不同传输路径上的散射体分布不同，信号幅度与相位也会发生变化。多次散射后，接收端不同极化通道中的信号变成相互独立或者接近相互独立，此乃“分”；然后通过合并技术将各极化信号合并后输出，使输出信号平均信噪比（Signal to Noise Ratio，SNR）提升，此乃“集”。在雷达应用领域，“分”主要体现在发射端信号分极化发射，散射回波信号分极化接收；“集”既可以表示接收目标信号的极化合成与增强，也可以代表干扰信号的极化抑制。随着目标增强与抗干扰技术研究的不断深入，极化分集技术发展出了自己的理论体系[10-12]。极化分集外辐射源雷达（Passive Radar Based on Polarization Diversity Technology，PRPD）与传统单极化接收外辐射源雷达在系统上的不同之处为采用了多极化天线获取极化信息。而在信号处理流程中，PRPD 需要借鉴和改进一些极化信号处理方法得到更优的干扰抑制性能与检测效果。极化分集技术的应用将会为外辐射源雷达带来以下优势：

1）较强的抗干扰能力

当干扰信号与目标信号在空间位置相近或相同时，单极化天线阵列无法有效区分二者，抑制干扰的同时目标信号也会出现能量损失。利用极化分集技术，即使目标信号与干扰无法在空域有效区分，只要两者之间存在极化状态差异，利用极化处理方法就能有效抑制干扰。

2）良好的检测能力

不同运动姿态下，目标极化散射回波幅度、相位都会发生变化。单极化接收外辐射源雷达系统不具备极化信息接收能力，极化失配将会导致天线或者阵列对某些极化状态散射回波信号响应很低，单极化接收外辐射源雷达系统通常检测不到该部分信号。然而，PRPD 具备极化分集接收能力，将不同的极化通道信号进行合并，可以有效降低极化失配带来的不利影响。

3）稳定的分辨能力

极化信息的引入，可以提供极化维的分辨能力。当多个信号在空域无法被有效分辨时，极化分集技术可以降低空间分辨能力不佳对雷达系统带来的影响。

3. PRPD 面临的挑战

在享有诸多优势的同时，PRPD 也会面临一些难点与挑战，主要包含以下几个方面：

1）系统复杂度增加

与单极化接收外辐射源雷达相比，PRPD 采用多极化天线，接收通道的增加加大了雷达接收设备工程实现的复杂度。此外极化天线设计要求苛刻，除了要保证天线良好接收增益的同时，还需要兼顾正交极化通道间良好的隔离度。

2）信号处理难度加大

首先，与单极化天线阵列相比，极化阵列校准难度加大，需同时考虑天线之间和正交通道间的幅相误差；其次，目标雷达散射截面（Radar Cross Section，RCS）在不同极化通道中均存在闪烁效应，如何利用该特性提升系统检测效果也是一大难点；最后，PRPD 面临严重的多径干扰，由此造成的干扰幅度调制使常规的极化处理方法抑制效果欠佳，因此有必要探索滤波新方法。

1.2 外辐射源雷达发展历史与研究现状

外辐射源雷达发展历史悠久，最早可以追溯到 20 世纪 30 年代。1935 年，英国的 Robert Watson-Watt 及其团队利用 BBC 短波无线电广播信号进行了著名的“Daventry”实验[13]，探测到 10 km 外飞行的“海福特”轰炸机。随后第二次世界大战爆发，第一次用于实战的是德国设计的 Klein Heidelberg 外辐射源雷达系统[14]。该套系统以英国“本土链”海岸警戒雷达作为辐射源，通过估算直达波与目标回波之间的时间差以及估计目标回波到达角（Direction of Arrival，DOA）来实现定位，能有效执行远程预警，探测到飞越英吉利海峡的轰炸机群。

战后，受限于电子器件水平与信号处理方法的发展，外辐射源雷达性能落后于同时期的主动雷达系统，逐渐被人们冷落。然而，在军事领域，随着电子战的不断发展，反辐射导弹（Anti-radiation Missile，ARM）已经成为主动雷达的主要威胁，如何提高雷达系统战场生存能力显得至关重要。在民用领域，消费级无人飞行器（Unmanned Aerial Vehicle，UAV）易于获取、改装，极易被不法分子利用[15]，主动雷达虽能实现 UAV 监视，但是其造成的电磁辐射污染却备受诟病。外辐射源雷达以其强大的战场生存能力与零辐射、零污染的特点逐渐回到人们视野[1-2]。20 世纪 90 年代后期，美国的洛克希德·马丁公司经过多年技术积累与沉淀，推出了基于调频（Frequency Modulation，FM）广播信号的商用外辐射源雷达系统，称之为“沉默的哨兵”（Silent Sentry）。欧洲各国也相继开展了相应的研究工作。法国的泰雷兹（Thales）公司发布了商用系统 Home Alerter 100（HA100）；意大利的塞莱斯系统集成公司（SELEX Sistemi Integrati）研发出了名为 AULOS 的外辐射源雷达系统，该系统采用 FM 和数字音频广播/数字地面广播电视（Digital Audio Broadcasting/ Digital Video Broadcasting-Terrestrial，DAB/DVB-T）信号，可以对数百公里内的低空目标进行有效跟踪。

随着广播电视技术的不断发展，传统的模拟广播电视信号正在逐渐被数字广播电视信号取代。参阅已有文献报道，可以发现世界上各国外辐射源雷达研究发展状况与该国数字广播电视技术的普及程度相关。世界一些主要国家和地区相继制定与颁布了具有自主知识产权的数字广播电视标准，如表 1.1 所示。由表可见，欧美的数字广播电视技术较为成熟，信号种类多，范围广，目前已基本实现了多频段数字广播电视信号的覆盖，中国部分数字广播电视业务还处于实验阶段。多个国家在外辐射源雷达研究领域沉淀十余载甚至数十载，获得了一大批研究成果。几家较为著名的研究机构[16-22]有法国航天局（ONERA）和泰雷兹公司、英国伦敦大学学院、波兰华沙工业大学、德国应用科学研究院（FGAN-FHR）以及意大利的罗马大学和比萨大学等。

表 1.1 欧、美、中各频段数字广播电视标准

频段	欧洲	美国	中国
MF/HF	DRM	HD-RADIO	DRM（实验）
VHF	DRM+DAB	HD-RADIO	HD-RADIO（实验），CDR（实验）
UHF	DVB-T	ATSC	DTMB，CMMB

外辐射源雷达作为一项实验性很强的技术，雷达系统的研发必不可少。公开的文献显示欧洲各国针对不同频段已相继研制出了多型外辐射源雷达系统，如表 1.2 所示。

表 1.2 欧洲各国典型外辐射源雷达系统

系统简称	系统全称	频段	使用信号	研究机构
DELIA	DAB experimental radar with linear array	VHF	DAB	Fraunhofer FHR(德)
PETRAII	Passive experimental TV radar	UHF	DVB-T	Fraunhofer FHR(德)
CORA	Thales DVB-T PBR demonstration	VHF/UHF	DAB DVB-T	Fraunhofer FHR(德)
NECTAR	Covert radar	VHF/UHF	DAB, DVB-T	Thales/Onera（法）
PARADE	Passive radar demonstration	VHF/UHF	FM, DAB, DVB-T	CASSIDIAN（德）

由于我国早期数字广播电视技术的发展滞后于欧美各国，因此延缓了国内外辐射源雷达技术与国际水平接轨的步伐。前期研究成果主要集中体现在理论仿真分析与原理演示验证等方面[23-25]。随着数字广播电视信号的不断普及，截至 2018 年底，地面广播网已覆盖全国地级及以上城市，这为我国外辐射源雷达的研究提供了良好条件，一批高校和科研院所搭建了实验平台，进行了一系列实验研究[26-31]。现今，我国外辐射源雷达技术处于稳步发展期，已基本完成多项原理可行性验证实验，整体水平与国外同步。

1.3 极化分集技术研究概况

1.3.1 极化滤波抗干扰研究

强干扰信号会淹没目标散射回波，干扰雷达信号参数估计，降低系统探测性能。雷达系统需要通过滤波等措施对抗干扰，提高目标的信号干扰噪声比（Signal to Interference plus Noise Ratio，SINR）[9]。极化滤波是增强雷达抗干扰能力的有效技术之一。

关于极化滤波抗干扰的研究，国内外文献报道颇多，主要体现在自适应极化滤波研究领域[32-73]。早期极化滤波器的研究体现在干扰极化抑制方面。干扰抑制极化滤波器针对有源干扰，只需对雷达接收极化进行优化。自适应极化对消器（Adaptive polarization Canceller，APC）是一种应用广泛的滤波器，其实质是利用正交极化通道信号的互相关性，自适应调整通道间的加权值，使合成的接收极化方式与干扰极化正交，从而抑制干扰。这种滤波器实现简单，能较好地抑制极化状态稳定或缓变的干扰，被广泛应用于工程实践中。英国学者 A.J. Poelman 对自适应极化滤波问题进行了深入研究，于 1981 年提出了虚拟极化适配（Virtual Polarization Adaptation，VPA）的概念，从理论上解决了稳态目标的变极化测量问题;随后于 1984 年提出了多凹口逻辑极化滤波（Multinotch Logic-product Polarization，MLP）方法，抑制具有部分极化特性的杂波和干扰[32-35]。1985 年和 1990 年，D.Giuli 和 Gherardelli 将 APC 和 MLP 相结合，分别提出了多凹口逻辑自适应极化对消器（Multinotch Logic-product Polarization Adaptive Polarization Canceller，MLP-APC）[36]和多凹口逻辑对称自适应极化对消器（Multinotch Logic product Polarization Symmetric Adaptive Polarization Canceller，MLP-SAPC）[37-38]，利用自适应极化对消提升多凹口极化滤波器的自适应能力。国内自适应极化滤波及多干扰抑制研究方面，张国毅提出了频谱极化滤波器[39]，以此应对在多干扰条件下，总的极化度下降对目标信干比（Signal to Interference Ratio，SIR）的影响，该方法不受极化度限制，可以有效对消频谱不重叠的多干扰部分极化波。曾清平等人于 2001 年提出了自适应变极化技术，以对抗多干扰[40-41]。国防科技大学的研究者们在雷达极化抗干扰领域做了许多工作，王雪松、肖顺平、庄钊文等深入研究了自适应极化滤波理论，提出了 SIR 的优化和信号干扰功率差算法[42-48]。上述滤波方法或多或少继承了 APC 的一些特点，极化滤波采用非线性处理，破坏了信号相参性，限制了其应用场合。哈尔滨工业大学的毛兴鹏团队提出了零相移极化滤波器（Null Phase Shift Polarization，NPSP），通过对目标信号进行幅相补偿来解决这个问题[49-51]；其团队于 2008 年又提出频域零相移多凹口极化滤波器，有效抑制了高频雷达的多电台干扰[42]。2010 年，在现有成果基础上，该团队提出了一种斜投影极化滤波器，解决了斜投影极化滤波对目标信号幅度和相位影响的问题[52-53]。上述方法研究对干扰极化状态参量及目标极化状态参量估计有一定要求。

PRPD 为相参系统，强多径干扰严重，目标散射回波信号弱，且其极化状态未知。因此，PRPD 系统极化抗干扰技术将会面临一系列问题：多径杂波引起的幅度调制效应，导致干扰极化状态无法精确估计；目标信号极化状态信息未知，无法得到幅相补偿因子。本书将在第 3 章对该问题进行深入分析与研究。

1.3.2 极化分集合并技术研究

分集合并多运用于无线通信领域，是一种对抗信道衰落的技术，通常使用两副或者多副接收天线来实现，其基本原理是利用通信信道间的独立性，将两条或多条携带相同信息的信号根据不同的方法合并起来，降低接收端信号深度衰落的概率，提高信号 SNR，改善无线通信质量。一般情况下，SNR 可提高 20 ~ 30 dB[74-76]。

根据分集方式不同，分集技术可以分为：空间分集[77-78]、时间分集[79-80]、频率分集[81]以及极化分集[82-84]；按照不同合成方式，合并技术可以分为：最大比合并（Maximal Ratio Combining，MRC）[85-88，103-104]、等增益合并（Equal Gain Combining，EGC）[89-92，103]、选择合并（Selection Combining，SC）[93-96，103]以及切换驻留合并（Switch-to-Stay Combining，SSC）[97-102]。不同分集技术可以与不同合并方式组合，例如采用极化分集技术的合成方式有极化分集最大比合并（PDMRC）、极化分集等增益合并（PDEGC）、极化分集选择合并（PDSC）以及极化分集切换驻留合并（PDSSC）。PDMRC 为最佳合并方式，对不同极化通道进行加权合成，但结构最为复杂。PDEGC 为次最佳合并方式，不同极化通道加权系数为 1，即等幅度加权，其性能稍差，但复杂度也相应降低。PDMRC 和 PDEGC 都是将所有 L 个极化通道进行线性相加的线性合并方式。PDSC 合并的特点是结构比较简单，但仍需要连续不间断地监视各极化通道以寻找性能最佳的通道作为输出。因此，每个极化通道仍需要独立的接收链路，而输出只选取一个通道的信号，造成资源浪费。PDSSC 是结构最简单的合并方式，接收机选择任意极化通道接收信号，直到该通道的 SNR 低于预先设定的门限，此时接收机切换到另外一个通道并驻留到下一时隙而不管其 SNR 高于还是低于预设门限，如此反复。因此，PDSSC 理论上只需要一个接收通道和一个极化切换控制电路，解决了 PDSC 资源浪费的问题，但理论性能不如 PDSC。PDSC 和 PDSSC 都是只选择一个极化通道作为输出的合并方式，它们的性能都要低于 PDMRC 和 PDEGC。归纳上述四种极化合并方法，对比理论合并性能有：PDMRC>PDEGC>PDSC>PDSSC。本书将在第 4 章详细介绍极化分集合并技术在 PRPD 中的应用。

1.4 基于极化分集技术的外辐射雷达研究现状

广播电视信号发射天线波瓣主要面向地面辐射，意味着雷达接收的目标回波信号除了要面临来自发射站的直达波干扰外，还要受到来自建筑物及地面的多径杂波影响。空域方法[105-125]与时域方法[126-135]是抑制直达波干扰与多径杂波的常用方法。极化分集技术的引入，可将外辐射源雷达信号处理技术扩展到极化域，并能与现有空、时域方法联合，进一步降低干扰的影响，提升雷达系统性能[136-146]。

国内外基于 PRPD 的研究才刚刚起步，主要研究成果有：

（1）意大利罗马大学（University of Rome）的 Fabiola Colone 等人以基于 FM 信号与 DVB 信号的极化分集外辐射源雷达为研究对象[136-141]，将极化分集技术运用于目标探测中，从滤波和检测角度提出了基于极化分集技术的扩展相消算法（Polarization-Extended Cancellation Algorithm，P-ECA）和极化广义似然比检验方法（Polarization-Generalized Likelihood Ratio Test，P-GLRT），并通过实验表明上述方法明显改善了目标检测效果。其中基于 FM 信号的实验系统如图 1.3（a）所示，采用的是单根极化参考天线与单根极化监测天线配置，P-ECA 方法的实验结果如图 1.3（b）所示，P-GLRT 实验结果如图 1.3（c）所示。

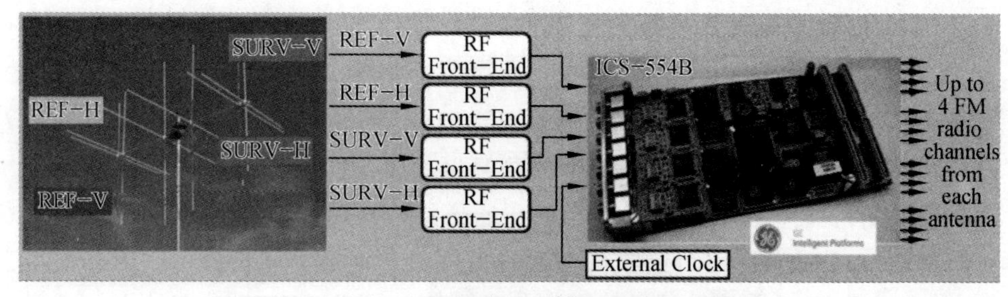

（a）实验系统

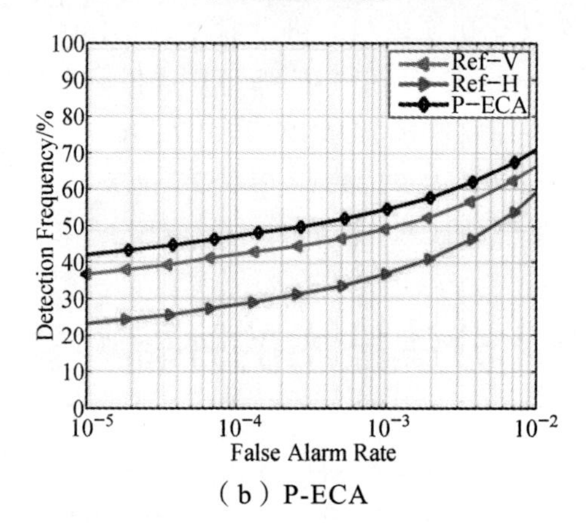

（b）P-ECA

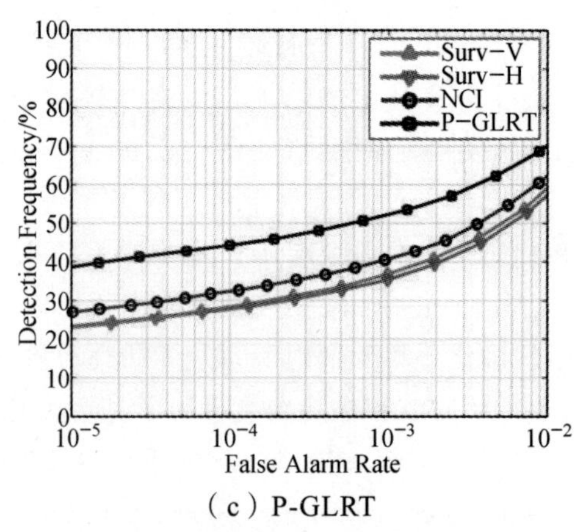

（c）P-GLRT

图 1.3　罗马大学极化外辐射源雷达实验研究

（2）意大利 National Inter-University Consortium for Telecommunications（CNIT）RaSS 国家实验室的 M. Conti 等人以基于 DVB-T 信号的双极化外辐射源

雷达为研究对象[142]，进行了极化分集的探索性实验。设备采用的是极化阵列天线，实验系统如图 1.4（a）所示，实验场景与实验结果如图 1.4（b）和 1.4（c）所示。

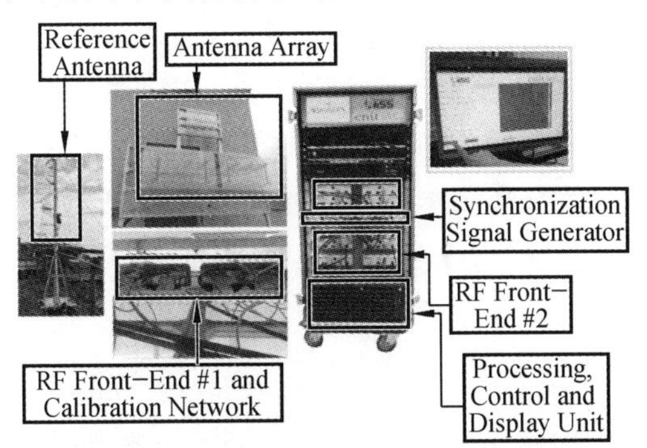

（a）实验系统

（b）实验场景

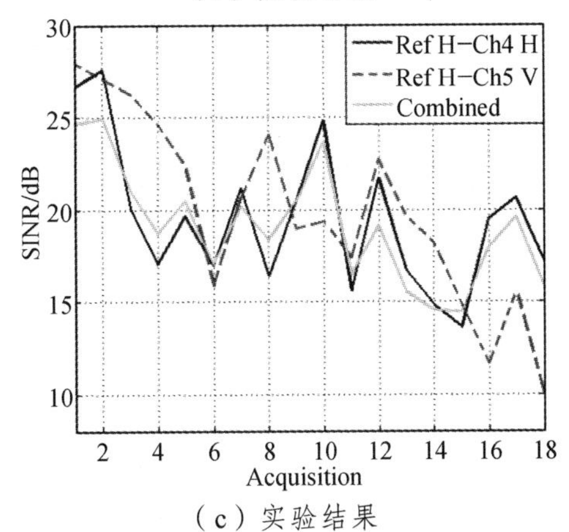

（c）实验结果

图 1.4 CNIT 极化分集外辐射源雷达实验研究

（3）美国伦斯勒理工大学（Rensselaer Polytechnic Institute）的 Il-Young Son 和 Birsen Yazici 以极化分集外辐射源多基地雷达系统为基础[143]，建立了地面移动目标模型，并利用广义似然比检验（Generalized Likelihood Ratio Test，GLRT）方法对该模型进行了仿真研究。图 1.5（a）为仿真实验场景，发射天线为水平极化，六副排列为圆形的等间距极化天线组成接收天线阵；图 1.5（b）中实线为接收采用水平、垂直极化信息的检测效果，虚线为接收只采用水平极化的检测效果。

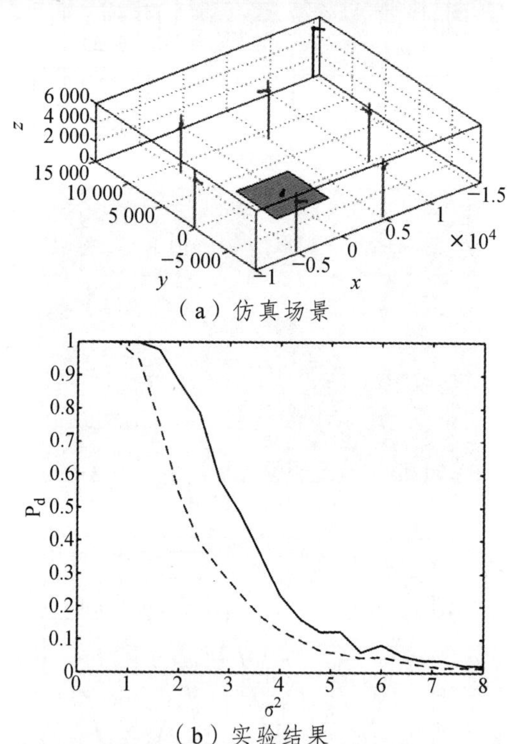

（a）仿真场景

（b）实验结果

图 1.5　伦斯勒理工大学外辐射源极化多基地雷达仿真研究

（4）挪威国防研究所 Kyrre Strøm 等人开展了基于 DVB-T 信号的双极化外辐射源雷达实验研究[144]，探测目标为塞斯纳飞机。实验结果表明（见图 1.6），使用正交极化抑制直达波干扰获益并不明显，在正交极化通道中干扰确实得到了抑制，但是这并不能弥补正交极化通道中由于目标 RCS 闪烁导致的信号功率损失。由于同极化通道中的各向异性干扰，目标信号方位经常偏离最大 SINR 方向。

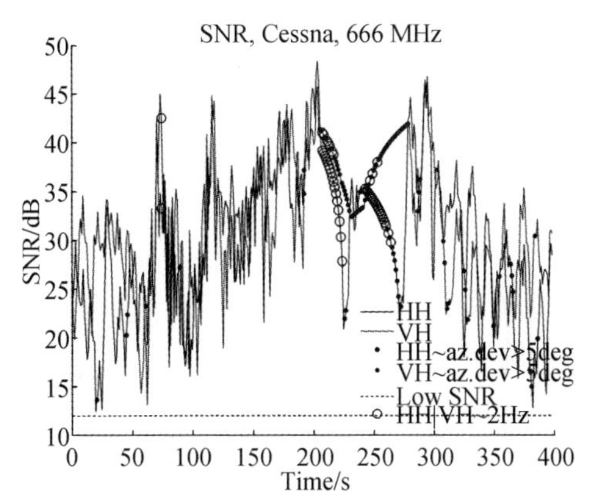

（a）拉姆贝格实验目标 SNR

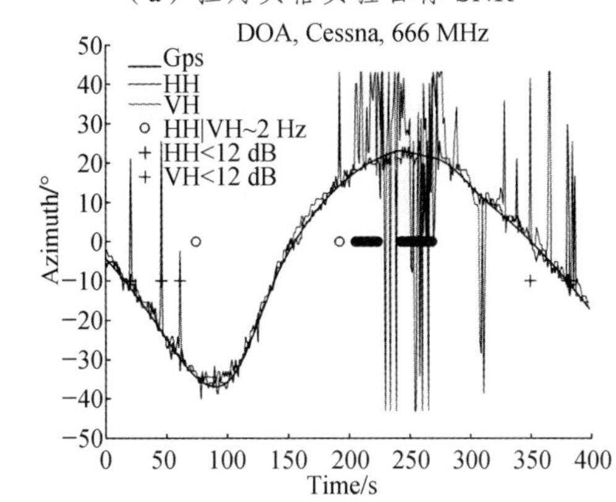

（b）拉姆贝格实验目标 DOA

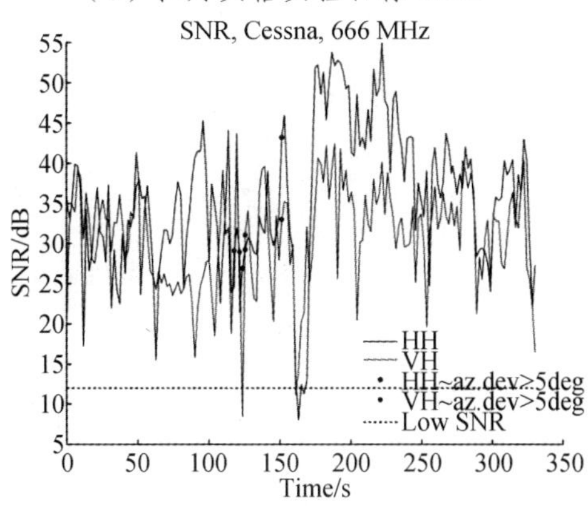

（c）维尔岛实验目标 SNR

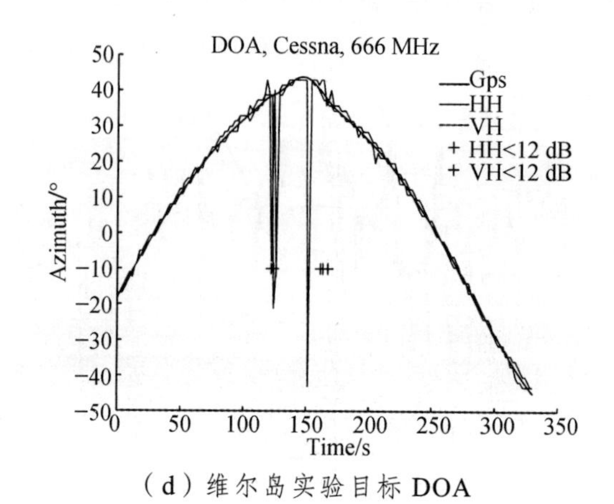

（d）维尔岛实验目标 DOA

图 1.6 挪威国防研究所双极化外辐射源雷达实验研究

（5）电子信息系统复杂电磁环境效应国家重点实验室的曾勇虎等人将极化分集技术用于基于数字电视地面广播（Digital Television Terrestrial Multimedia Broadcasting，DTMB）信号的外辐射源雷达中[145]，研究了不同接收极化通道直达波抑制效果。实验结果表明当接收极化方式正交于发射极化时，直达波抑制效果较好。实验系统如图 1.7（a）所示，图 1.7（b）和 1.7（c）所示为正交极化接收和同极化接收情况下直达波抑制后距离多普勒谱的距离维截面。

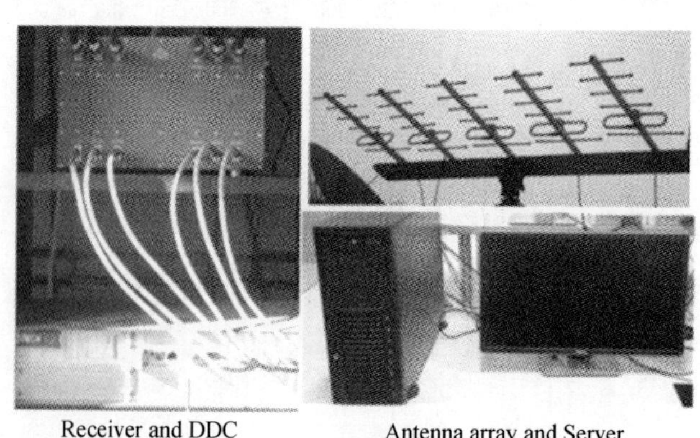

接收机　　无线阵列与服务器

（a）实验系统

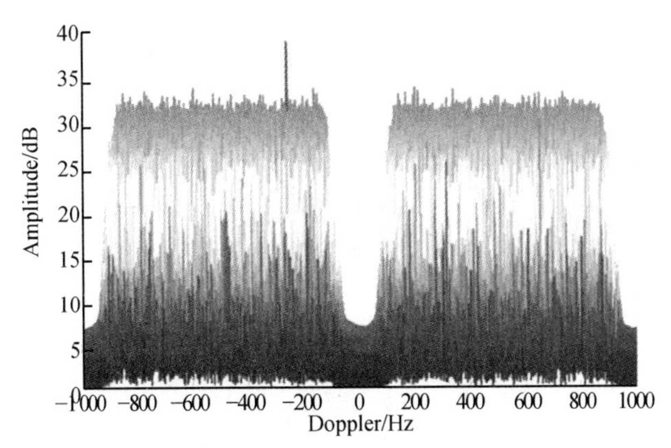

（b）HV 通道滤波结果

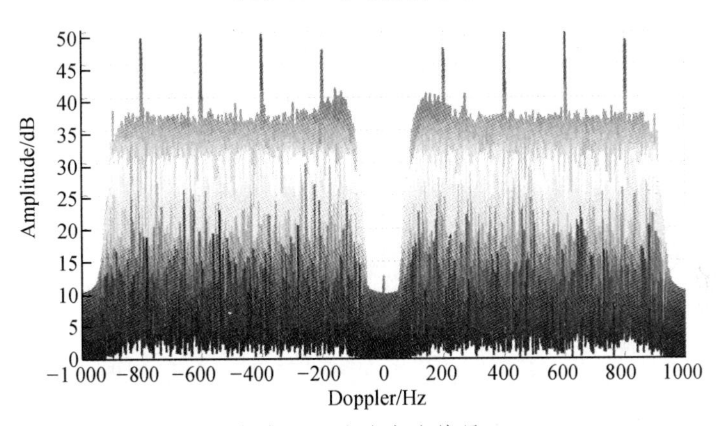

（c）HH 通道滤波结果

图 1.7 电子信息系统复杂电磁环境效应国家重点实验室极化外辐射源雷达实验研究

（6）武汉大学的尤君对基于 FM 信号的外辐射源雷达多频多极化融合问题进行了深入分析[146]，特别研究了不同收发极化组合方式对外辐射源雷达系统性能的影响，提出了通过系统噪声系数、目标散射特性及监测天线增益三方面综合考虑确定合适接收极化方式的方法。当发射极化为垂直时，水平极化具有直达波抑制作用，使得接收机水平通道增益高，系统噪声系数低于垂直通道；目标具有的去极化效应使垂直、水平回波强度差异不明显；水平极化天线由于地面反射效应在接收远距离目标散射回波时更具优势。综合上述三方面因素得出结论“水平极化接收的检测性能优于垂直极化”。图 1.8 所示为不同极化实测数据检测结果。

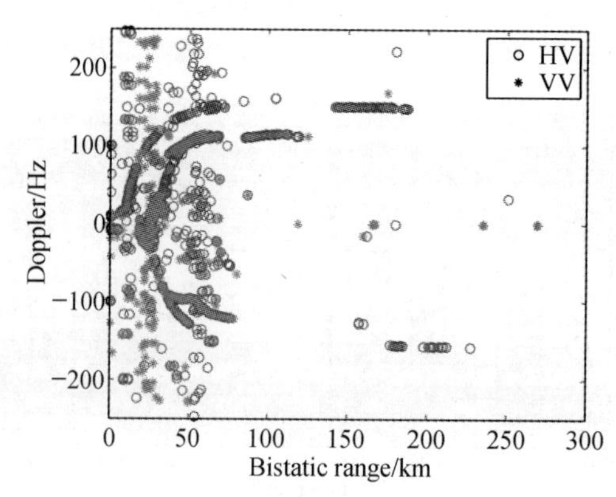

图 1.8 不同极化检测结果

总之，国内外对于 PRPD 的研究才刚刚起步，还有待深入研究。本书归纳了 PRPD 信号处理的特点与难点，重点解决了滤波与分集合并问题，开展了一系列外场实验，验证了所提方法的可行性与有效性，为 PRPD 的推广与应用奠定了理论与实验基础。

1.5 本书工作及内容安排

本书主要研究了极化分集技术在外辐射源雷达信号处理过程中的几项关键技术，重点讨论了极化滤波与极化分集合并在 PRPD 中的应用问题。本书组织结构如图 1.9 所示。

各章节内容具体安排如下：

第 1 章为绪论。首先介绍外辐射源雷达的发展历史、研究现状及其面临的问题，从而引出 PRPD 概念及其技术优势；然后介绍极化分集技术及 PRPD 的研究现状；最后给出本书研究主要内容及文章结构安排。

第 2 章介绍了 PRPD 的基础知识。首先介绍极化分集信号的基本表征；然后介绍基于极化分集技术的双基地雷达方程；最后列举极化分集信号处理的一些常见方法，为后续方法的提出做好铺垫。

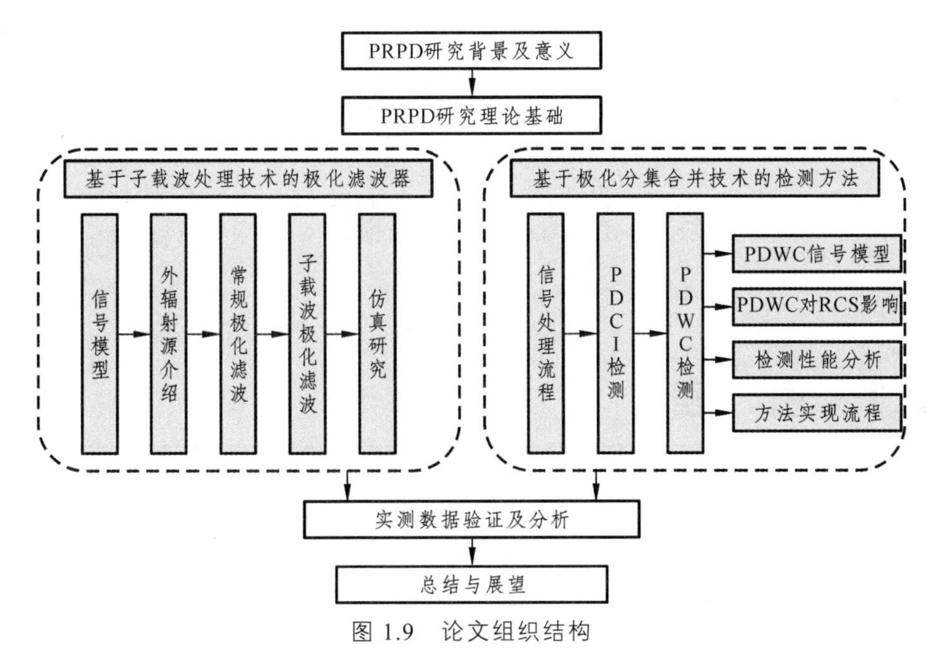

图 1.9 论文组织结构

第 3 章提出了一种基于数字电视广播信号的外辐射源雷达极化滤波新方法。首先阐述外辐射源雷达杂波散射机理及现有干扰抑制极化滤波技术面临难点；然后提出一种改进的极化滤波方法；最后通过仿真分析表明该方法能更有效抑制直达波、杂波信号，提升目标 SNR。

第 4 章提出了一种基于极化分集合并技术的外辐射源雷达检测方法。首先从目标仿真角度对某一型号民航客机进行电磁计算，并统计电磁波在不同入射角度下目标的 RCS 及 PAR；然后介绍一种基于极化非相干积累（Polarization Non-coherent Integration，P-NCI）的检测方法，针对该方法易受到极化通道间 SNR 不平衡影响的问题，提出极化分集加权合并（Polarization Diversity Weight Combining，PDWC）检测方法；最后对信号进行建模，并进行检测性能仿真分析。

第 5 章为实验系统及数据分析。首先介绍实验室 PRPD 系统结构；然后介绍正交极化天线的设计方法与性能测试指标；最后介绍极化阵列校准及多地实验的场景和相关结果。实验结果进一步验证本文所提方法的有效性与正确性。

第 6 章为结束语。该章总结全文的主要工作，阐述主要研究贡献，展望 PRPD 今后的发展方向及后续研究热点。

第 2 章

PRPD 基础

2.1 引 言

电磁波由同相振荡且互相容纳的电场与磁场在空间中以波的形式传播，是一种有效传递能量的矢量波，如图 2.1 所示。电磁波的极化表征体现在自由空间一点的电场强度矢量与磁场强度矢量方向和幅度随时间变化的特性上，是电磁场理论中一个十分重要的概念。电磁波的研究始于 19 世纪中叶，麦克斯韦在 1865 年运用矢量分析，基于电磁学普遍原理及实验研究发表了《电磁场的动力学理论》一文，文中提出了对电磁场研究具有深远意义的麦克斯韦方程组，奠定了电磁场理论基础[147]。麦克斯韦方程组给出了电、磁场之间以及电磁场与电荷、电流之间的相互关系，是一切宏观电磁场现象所遵循的普遍规律[148]。

依据电磁场理论，电磁波除了具有幅度、频率、相位这几个特征之外，还具有极化这个基本特性，如图 2.2 所示。电磁波的极化特性被广泛应用于通信、雷达等领域。

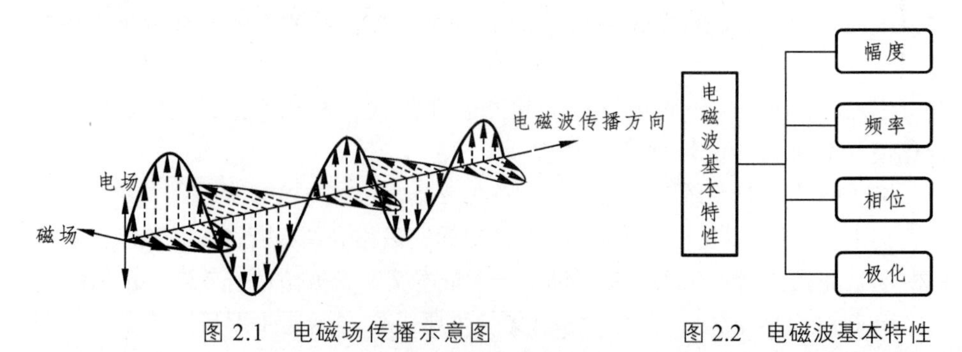

图 2.1 电磁场传播示意图

图 2.2 电磁波基本特性

在通信研究领域，电磁波的极化信息利用主要体现在无线通信的极化分集、极化复用、极化调制三个方面。极化分集最早由美国贝尔实验室的 Lee 和 Yeh 等人于 1972 年提出，基本思想是利用具有极化正交性的天线，来实现分集功能[149]。极化复用基本思想为利用两个或者多个信号极化状态间的不相关性来同时收、发多路不同的电磁波信号。极化调制思想为利用电磁波的不同极化状态来承载信息，具有兼容性好、难于被检测的优点。2016 年，D Wei 将极化调制与传统幅度相位调制相结合，利用硬件平台实现了一种更高效的无线传输方案，该方案可以用于保密通信以及提升通信效率等方面[150]。在光通信中，信号的极化状态又称为偏振状态，极化信息利用主要体现在偏振复用和偏振调制两个方面。偏振复用和偏振调制充分利用了光信号在偏振状态（极化状态）上的自由度，可以结合各种相位、幅度调制来提升频谱效率和传输速率。1987 年，E.Dictrich 提出了一种偏振调制技术，实现了 560 Mb/s 的数据传输。1992 年贝尔实验室 S.G. Evangelides 利用偏振状态复用技术，解决了光纤中光弧子的长距离传输问题[151]。在雷达技术研究领域，针对“目标在哪里以及是什么样的目标”这一核心问题，利用电磁波本身具有的极化矢量特性，采用极化滤波、极化增强、极化检测等技术方法和手段，极大提升了雷达的探测能力，扩展了其应用范围。

PRPD 的接收天线为正交极化天线，可以接收空间电磁波的垂直与水平分量，称为矢量天线[152]。矢量天线将两路信号分别输入接收机，合理利用极化分集技术对信号进行处理，能极大提升 PRPD 系统探测性能[136]。本章首先从电磁波几种基本极化形式与极化信号的表征方式入手，介绍了椭圆极化、圆极化、线极化三种极化形式以及极化信号的 Jone 矢量与 Stokes 矢量表征；然后重点介绍了双基地雷达方程，并将极化匹配增益引入到雷达方程中；最后介绍了两种基于极化分集技术的信号处理方法，分别为极化滤波技术与极化分集合并技术。通过对知识的归纳与总结，为后续章节 PRPD 研究奠定了坚实的理论基础。

2.2 极化分集信号表征

本节从信号极化方式着手，介绍线极化、圆极化以及椭圆极化三种极化方式；基于正交极化天线与极化天线阵列接收信号结构分析天线和阵列的 Jone 矢量以及 Stokes 矢量表征形式。

2.2.1 极化方式

电磁波的极化特性表征了在传播过程中电场与磁场方向变化的规律，以电场分量为例，假设平面电磁波沿+z 轴方向传播：

$$\boldsymbol{E} = \boldsymbol{e}_x E_x + \boldsymbol{e}_y E_y \tag{2.1}$$

其中，$\boldsymbol{E}$ 表示矢量电磁波；$\boldsymbol{e}_x$ 表示 x 方向单位矢量；$\boldsymbol{e}_y$ 表示 y 方向单位矢量。

E_x 表示 x 方向电场分量，其表达式为

$$E_x = |E_x|\cos(\omega t - kz + \varphi_x) \tag{2.2}$$

同理，E_y 的表示式为

$$E_y = |E_y|\cos(\omega t - kz + \varphi_y) \tag{2.3}$$

其中，ω 为该平面波频率；k 为传播常数；$|E_x|$ 和 $|E_y|$ 分别为平面波 x 分量和 y 分量幅度；φ_x 和 φ_y 分别表示平面波的 x 分量相位和 y 分量相位。

2.2.1.1 线性极化

当电场分量 E_x 和 E_y 相位角相等，也即 $\varphi_x = \varphi_y = 0$，在 z=0 的等相位面上有

$$E_x = |E_x|\cos\omega t \tag{2.4}$$

$$E_y = |E_y|\cos\omega t \tag{2.5}$$

合成电场的模值可以表示为

$$|\boldsymbol{E}| = \sqrt{E_x^2 + E_y^2} = \sqrt{|E_x|^2 + |E_y|^2}\cos\omega t \tag{2.6}$$

合成电场的方向为 x 轴与 $\boldsymbol{E}$ 的夹角，用字母 α 表示：

$$\alpha = \arctan\frac{|E_y|}{|E_x|} \tag{2.7}$$

合成电场的大小随时间 t 呈现余弦变化，方向保持不变，也即夹角 α 大

小保持恒定。上述情况说明电场矢量 $\boldsymbol{E}$ 的矢端轨迹为一条直线，该种情况下电磁波的极化方式称为线性极化（线极化），如图 2.3 所示。水平极化与垂直极化是线极化的两种特殊形式，对应 $\alpha=0°$ 和 $\alpha=90°$。两个相位一致、幅度不同的空间相互正交的线极化电磁波，进行合成后仍然为线极化波。反之，任一线极化电磁波可以分解为相互正交，相位相等，幅度不同的线极化电磁波。如果空间正交线极化波幅度相等，那么合成电磁波称为 45°线极化波。

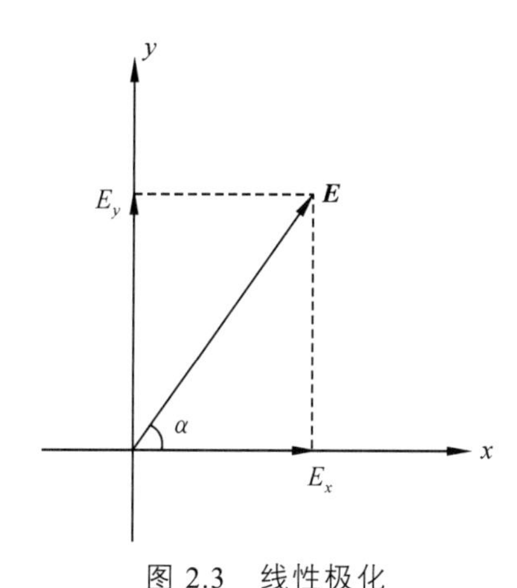

图 2.3　线性极化

2.2.1.2　圆极化

当电场分量 E_x 和 E_y 相位角相差 $\frac{\pi}{2}$，即 $\varphi_{xy}=\varphi_x-\varphi_y=\frac{\pi}{2}$，可以得到 E_x 和 E_y 表达式为

$$E_x=\left|E_x\right|\cos(\omega t-kz) \tag{2.8}$$

$$E_y=\left|E_y\right|\cos\left(\omega t-kz-\frac{\pi}{2}\right)=\left|E_y\right|\sin(\omega t-kz) \tag{2.9}$$

当 E_x 和 E_y 幅度一致，即 $\left|E_x\right|=\left|E_y\right|=\left|E_o\right|$，在 $z=0$ 的等相位面上有

$$E_x=\left|E_x\right|\cos\omega t=\left|E_o\right|\cos\omega t$$

$$\tag{2.10}$$

$$E_y=\left|E_y\right|\sin\omega t=\left|E_o\right|\sin\omega t \tag{2.11}$$

合成电场的模值可以表示为

$$|\boldsymbol{E}| = \sqrt{E_x^2 + E_y^2} = \sqrt{|E_x|^2 + |E_y|^2} = E_o \tag{2.12}$$

合成电场 $\boldsymbol{E}$ 的方向，即 $\boldsymbol{E}$ 与 x 轴夹角 α 为

$$\alpha = \arctan\frac{E_y}{E_x} = \omega t \tag{2.13}$$

当合成电场的模值一定时，以角速度 ω 旋转，电场矢量 $\boldsymbol{E}$ 的矢端轨迹为圆，故称该极化方式为圆极化，如图 2.4 所示。圆极化电磁波依据电场矢量旋转方向不同可以分为左旋圆极化波和右旋圆极化波。当 $\alpha = \omega t$ 时，表示电场矢量 $\boldsymbol{E}$ 以角频率 ω 沿逆时针旋转，由于旋转方向与传播方向成右手关系，称之为右旋圆极化波。当 $\alpha = -\omega t$ 时，表示电场矢量 $\boldsymbol{E}$ 以角频率 ω 沿顺时针旋转，此时，旋转方向与传播方向成左手关系，称之为左旋圆极化波。

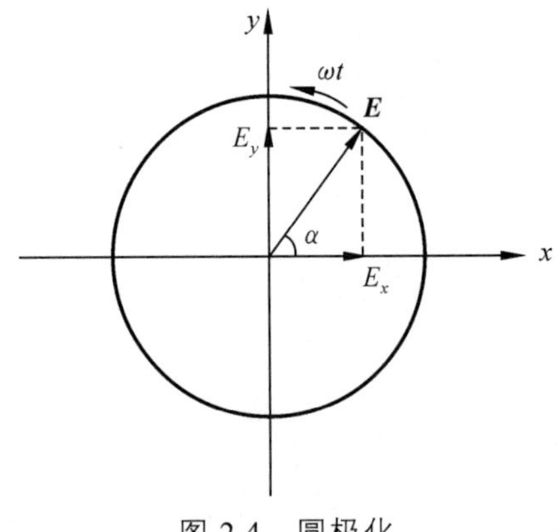

图 2.4　圆极化

2.2.1.3　椭圆极化

当电场分量 E_x 和 E_y 相位角相差为 φ_{xy}，即 $\varphi_x - \varphi_y = \varphi_{xy}$，且幅度不同时，在 z=0 的等相位面上有：

$$E_x = |E_x|\cos(\omega t + \varphi_x) \tag{2.14}$$

$$E_y = |E_y|\cos(\omega t + \varphi_y) \tag{2.15}$$

将式（2.14）与式（2.15）移项并平方相加可以得到：

$$\frac{E_x^2}{|E_x|^2}+\frac{E_y^2}{|E_y|^2}-\frac{2E_xE_y}{|E_x||E_y|}\cos\varphi_{xy}=\sin^2\varphi_{xy} \tag{2.16}$$

式（2.16）说明电场矢量 $\boldsymbol{E}$ 的矢端轨迹为椭圆，我们称这种极化方式为椭圆极化，如图 2.5 所示。

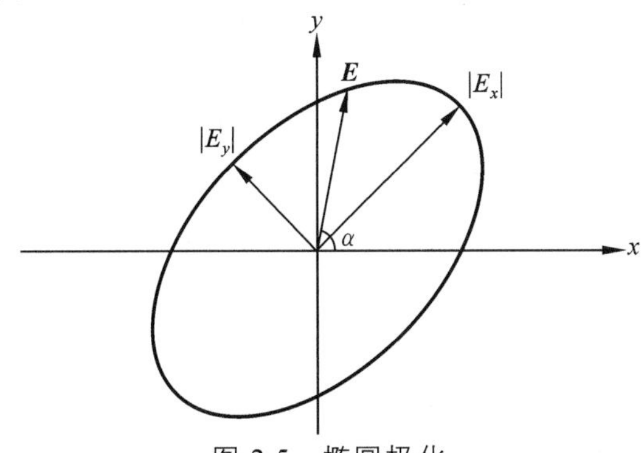

图 2.5　椭圆极化

与圆极化方式类似，椭圆极化方式也可以分为左旋椭圆极化与右旋椭圆极化。当 $\varphi_{xy}>0°$ 时，电场 E_y 分量滞后于 E_x，与电磁波传播方向 $+z$ 形成右旋椭圆极化波；当 $\varphi_{xy}<0°$ 时，电场 E_y 分量超前于 E_x，与电磁波传播方向 $+z$ 形成左旋椭圆极化波。通常情况下，任何极化电磁波可以分解成为两个旋转方向相反的圆极化波，或者两个极化方式互相垂直的线极化波，这正是我们设计正交极化天线进行极化研究的由来。

2.2.2　极化信号表征

2.2.2.1　极化天线信号表征

极化是电磁波本身固有属性，其表征方式分为多种，最常见的信号极化表征方式有 Jones 矢量[10,12]表征与 Stokes 矢量[10,12]表征。本节将利用这两种方式对极化电磁波进行表征，并建立极化阵列信号表征模型。

当平面波沿 $+z$ 轴方向传播时，电场分量在 z 轴方向上为 0，可以用一个二维矢量表征它的复电场：

$$\boldsymbol{E}(z,t)\begin{bmatrix}E_x(z,t)\\E_y(z,t)\end{bmatrix}=\begin{bmatrix}|E_x|\mathrm{e}^{\mathrm{j}(\omega t-kz+\varphi_x)}\\|E_y|\mathrm{e}^{\mathrm{j}(\omega t-kz+\varphi_y)}\end{bmatrix} \tag{2.17}$$

其中，ω 为该平面波频率；k 为传播常数；$|E_x|$ 和 $|E_y|$ 分别为平面波 x 分量和 y 分量幅度；φ_x 和 φ_y 分别表示平面波的 x 分量和 y 分量相位。

当空间任一点电场矢量 x、y 分量处于一个时谐横向电磁场中，且都随时间做简谐振荡时，可以用相量记法压缩时变项。同时，在 z 轴横截面上，各电场相同，所以空间项可舍弃，只考虑 $z=0$ 处横截面，那么有

$$\boldsymbol{E}=\begin{bmatrix}|E_x|\mathrm{e}^{\mathrm{j}\varphi_x}\\|E_y|\mathrm{e}^{\mathrm{j}\varphi_y}\end{bmatrix} \tag{2.18}$$

这个矢量称为电磁波的“Jones 矢量”。如果进一步用两个场分量的相对相位表示，那么 Jones 矢量亦可表示为

$$\boldsymbol{E}=\begin{bmatrix}|E_x|\\|E_y|\mathrm{e}^{\mathrm{j}\varphi_{xy}}\end{bmatrix} \tag{2.19}$$

我们定义极化比为

$$\rho_{xy}=\frac{E_x}{E_y}=\frac{|E_x|}{|E_y|}\mathrm{e}^{\mathrm{j}(\varphi_x-\varphi_y)}=\tan\gamma_{xy}\mathrm{e}^{\mathrm{j}\varphi_{xy}} \tag{2.20}$$

其中，γ_{xy} 表示极化角，φ_{xy} 表示极化相差。定义极化角为 $\gamma_{xy}=\arctan\dfrac{|E_x|}{|E_y|}$，极化相差为 $\varphi_{xy}=\varphi_x-\varphi_y$。

式（2.19）可以改写为

$$\boldsymbol{E}=\begin{bmatrix}\cos\gamma_{xy}\\\sin\gamma_{xy}\mathrm{e}^{\mathrm{j}\varphi_{xy}}\end{bmatrix} \tag{2.21}$$

对于 Jones 矢量表征的电场 $\boldsymbol{E}$，其 Stokes 参数可以表示为

$$\begin{cases}g_0=|E_x|^2+|E_y|^2\\g_1=|E_x|^2-|E_y|^2\\g_2=2|E_x||E_y|\cos\varphi_{xy}\\g_3=2|E_x||E_y|\sin\varphi_{xy}\end{cases} \tag{2.22}$$

其中，$|E_x|$ 与 $|E_y|$ 分别表示电场两个正交极化分量的振幅；φ_{xy} 表示电场

正交极化分量相位差。依据参数 g_0 和 g_1 可以求出电场分量的振幅 $|E_x|$ 与 $|E_y|$，相位差 φ_{xy} 可以由 g_2 与 g_3 求出。由式（2.22）可以看出，上述 4 个参数满足如下关系：

$$g_0^2 = g_1^2 + g_2^2 + g_3^2 \tag{2.23}$$

令

$$|E_0|^2 = |E_x|^2 + |E_y|^2 = g_0 \tag{2.24}$$

将 4 个 Stokes 参数构成一个列矢量 $\boldsymbol{J}$，并用极化角与极化相差描述为

$$\boldsymbol{J} = \begin{bmatrix} g_0 \\ g_1 \\ g_2 \\ g_3 \end{bmatrix} = |E_0|^2 \begin{bmatrix} 1 \\ \cos 2\gamma_{xy} \\ \sin 2\gamma_{xy} \cos\varphi_{xy} \\ \sin 2\gamma_{xy} \sin\varphi_{xy} \end{bmatrix} \tag{2.25}$$

我们称矢量 $\boldsymbol{J}$ 为电磁波的 Stokes 矢量。依据式（2.25），可以给出 Stokes 矢量的几何意义：如果用一个球体来表示所有可能的极化状态，那么 g_1、g_2、g_3 表示为球体上的笛卡尔坐标，而 g_0 表示为球体半径。这种几何表示方法被称为 Poincare 极化球，如图 2.6 所示。在 Poincare 极化球上，每种极化状态都唯一对应着极化球上一点。

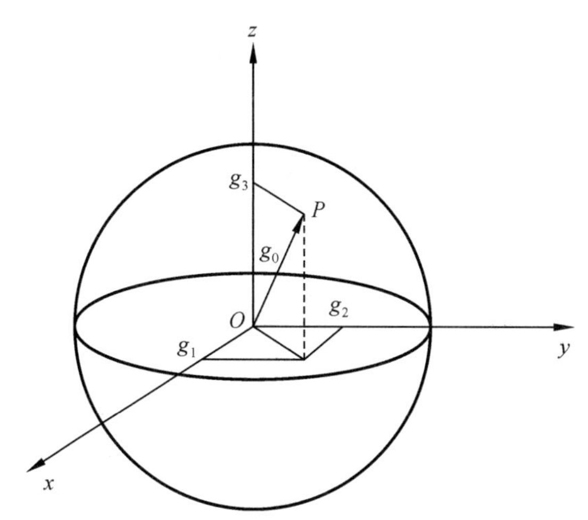

图 2.6　Poincare 极化球及球面上 P 点极化状态表征

对于 Poincare 极化球而言，所有左旋椭圆极化点都位于极化球北半球，左旋圆极化的点为极化球的北极点。类似地，右旋椭圆极化点都位于极化球南半球，特别地，右旋圆极化点为极化球的南极点。

对于线极化而言，极化点都位于 Poincare 极化球赤道圆上。特别地，水平极化波垂直分量 $E_V=0$，Stokes 矢量可以表示为

$$\boldsymbol{J}=\begin{bmatrix} g_0 \\ g_1 \\ g_2 \\ g_3 \end{bmatrix}=\begin{bmatrix} |E_H|^2 \\ -|E_H|^2 \\ 0 \\ 0 \end{bmatrix} \tag{2.26}$$

水平极化点为+x 轴与极化球面的交点，记为 H。同理，对于垂直极化波，有 $E_H=0$，那么垂直极化点表示为 $-x$ 轴与极化球面的交点，记为 V。45°线极化对应着+y 轴与极化球面交点，135°线极化点为 $-y$ 轴与极化球面交点。

存在一对共轭极化状态 $S_1=\begin{bmatrix} \cos\gamma_1 \\ \sin\gamma_1 \mathrm{e}^{\mathrm{j}\varphi_1} \end{bmatrix}$ 和 $S_2=\begin{bmatrix} \cos\gamma_1 \\ \sin\gamma_1 \mathrm{e}^{-\mathrm{j}\varphi_1} \end{bmatrix}$，如果 S_1 的 Stokes 矢量表示为

$$\boldsymbol{J}_1=\begin{bmatrix} g_0 \\ g_1 \\ g_2 \\ g_3 \end{bmatrix}=\begin{bmatrix} 1 \\ \cos 2\gamma_1 \\ \sin 2\gamma_1 \cos\varphi_1 \\ \sin 2\gamma_1 \sin\varphi_1 \end{bmatrix} \tag{2.27}$$

那么 S_2 的 Stokes 矢量可以表示成下式：

$$\boldsymbol{J}_2=\begin{bmatrix} g_0 \\ g_1 \\ g_2 \\ -g_3 \end{bmatrix}=\begin{bmatrix} 1 \\ \cos 2\gamma_1 \\ \sin 2\gamma_1 \cos\varphi_1 \\ -\sin 2\gamma_1 \sin\varphi_1 \end{bmatrix} \tag{2.28}$$

一对共轭极化点对应着极化球上关于 xOy 平面的一对镜像点。

我们定义正交极化状态为 $\boldsymbol{E}_1^{\mathrm{H}}\boldsymbol{E}_2=0$，上标 H 表示共轭转置。用 Jones 矢量表示 $\boldsymbol{E}_1$ 和 $\boldsymbol{E}_2$：

$$\boldsymbol{E}_1=\begin{bmatrix} \cos\gamma_1 \\ \sin\gamma_1 \mathrm{e}^{\mathrm{j}\varphi_1} \end{bmatrix} \tag{2.29}$$

$$\boldsymbol{E}_2=\begin{bmatrix}\cos\gamma_2\\ \sin\gamma_2 e^{j\varphi_2}\end{bmatrix} \tag{2.30}$$

为满足正交条件有

$$\cos\gamma_1\cos\gamma_2+\sin\gamma_1\sin\gamma_2 e^{j(\varphi_1-\varphi_2)}=0 \tag{2.31}$$

可以得到 $\varphi_1-\varphi_2=0,\pi$ 。如果 $\varphi_1=\varphi_2$ ，式（2.31）改写为

$$\cos(\gamma_1-\gamma_2)=0 \tag{2.32}$$

因为极化角 γ 的取值区间为 $\left[0,\dfrac{\pi}{2}\right]$，式（2.32）仅对 γ_1 和 γ_2 之中有一个为0的情况才成立，可以得到 $\varphi_1-\varphi_2=\pm\pi$，因此有

$$\cos(\gamma_1+\gamma_2)=0 \tag{2.33}$$

由此可得：

$$\gamma_1+\gamma_2=\frac{\pi}{2} \tag{2.34}$$

用 Stokes 矢量来表示一对正交极化状态：

$$\boldsymbol{J}_1=\begin{bmatrix}g_0\\ g_1\\ g_2\\ g_3\end{bmatrix}=\begin{bmatrix}1\\ \cos 2\gamma_1\\ \sin 2\gamma_1\cos\varphi_1\\ \sin 2\gamma_1\sin\varphi_1\end{bmatrix} \tag{2.35}$$

$$\boldsymbol{J}_2=\begin{bmatrix}g_0\\ -g_1\\ -g_2\\ -g_3\end{bmatrix}=\begin{bmatrix}1\\ -\cos 2\gamma_2\\ -\sin 2\gamma_2\cos\varphi_2\\ -\sin 2\gamma_2\sin\varphi_2\end{bmatrix}=\begin{bmatrix}1\\ \cos 2\left(\dfrac{\pi}{2}-\gamma_1\right)\\ \sin 2\left(\dfrac{\pi}{2}-\gamma_1\right)\cos(\varphi_1+\pi)\\ \sin 2\left(\dfrac{\pi}{2}-\gamma_1\right)\sin(\varphi_1+\pi)\end{bmatrix} \tag{2.36}$$

由式（2.35）与（2.36）可知，一对正交极化状态对应着极化球上一条直径的两个端点。例如：南极、北极点对应的右旋圆极化与左旋圆极化为一对正交极化；与 x 轴正、负方向球面交点对应的水平、垂直极化也为一对正交极化。

2.2.2.2 极化阵列信号表征

对于阵列系统而言，空间 DOA 描述了目标信号的空间位置信息，用空间参量 (ϕ,θ) 表示，其分别表示为空间方位角和空间俯仰角。目标极化状态可以用来描述目标散射回波的极化特性，可以用极化参量 (γ,φ) 表示，其分别表示了目标散射回波的极化角与极化相位差。在极化阵列信号处理中，其不仅涉及传统空域处理技术，还需要考虑极化状态参量变化对信号处理的影响。

对于远场电磁波信号而言，其传播示意图如图 2.7 所示。

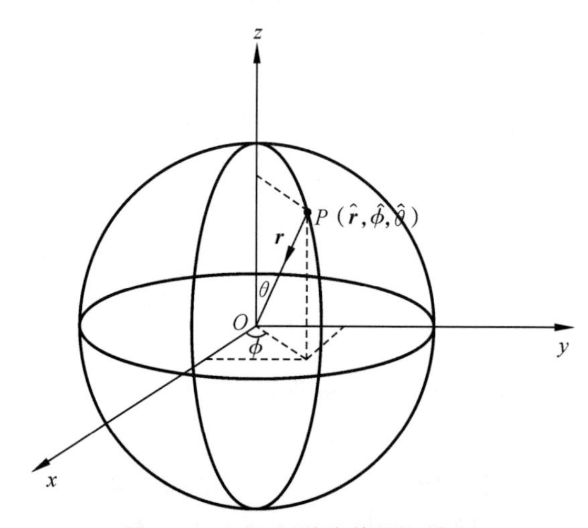

图 2.7 远场电磁波传播示意图

远场电磁波沿 $\boldsymbol{r}$ 方向传播，为了更好表征极化阵列信号，需要将球坐标系与直角坐标系进行转换。两者之间的转换关系如下所示：

$$\begin{cases}\hat{\boldsymbol{r}}=(\sin\theta\cos\phi)\hat{\boldsymbol{x}}+(\sin\theta\sin\phi)\hat{\boldsymbol{y}}+(\cos\theta)\hat{\boldsymbol{z}}\\ \hat{\boldsymbol{\phi}}=(-\sin\phi)\hat{\boldsymbol{x}}+(\cos\phi)\hat{\boldsymbol{y}}\\ \hat{\boldsymbol{\theta}}=(\cos\theta\cos\phi)\hat{\boldsymbol{x}}+(\cos\theta\sin\phi)\hat{\boldsymbol{y}}-(\sin\theta)\hat{\boldsymbol{z}}\end{cases} \tag{2.37}$$

其中，$(\hat{\boldsymbol{r}},\hat{\boldsymbol{\phi}},\hat{\boldsymbol{\theta}})$ 表示球面坐标系中坐标矢量；$(\hat{\boldsymbol{x}},\hat{\boldsymbol{y}},\hat{\boldsymbol{z}})$ 表示直角坐标系中坐标矢量。如果将 $\hat{\phi}$ 和 $\hat{\theta}$ 方向的极化分量表示为

$$\begin{bmatrix}E_{\hat{\phi}}\\ E_{\hat{\theta}}\end{bmatrix}=\begin{bmatrix}\cos\gamma\\ \sin\gamma\mathrm{e}^{\mathrm{j}\varphi}\end{bmatrix} \tag{2.38}$$

假设阵元能同时接收完整的电磁信息，包含三个方向的电场分量与三个方向的磁场分量。根据不同坐标基下坐标矢量之间关系，可以得出电场与磁场在直角坐标系中坐标矢量为

$$\begin{bmatrix} E_x(t) \\ E_y(t) \\ E_z(t) \\ H_x(t) \\ H_y(t) \\ H_z(t) \end{bmatrix} = \begin{bmatrix} -\sin\phi & \cos\theta\cos\phi \\ \cos\phi & \cos\theta\sin\phi \\ 0 & -\sin\theta \\ \cos\theta\cos\phi & \sin\phi \\ \cos\theta\sin\phi & -\cos\phi \\ -\sin\theta & 0 \end{bmatrix} \begin{bmatrix} \cos\gamma \\ \sin\gamma \mathrm{e}^{\mathrm{j}\varphi} \end{bmatrix} \tag{2.39}$$

在理想条件下，极化阵列信号模型需满足辐射源为点源信号且位于阵列远场区；阵元之间幅相一致，隔离度较好；各通道时间采样同步，满足奈奎斯特准则；传播介质是各向同性的、均匀的、无耗的、线性的和非色散的；信号带宽远小于载波频率；噪声独立且为零均值平稳随机过程等假设条件[7]。

极化阵列由多个空间排列的极化阵元组成，阵型结构大致可以划分为：线阵、圆阵及平面阵。均匀线阵几何结构简单，工程易于实现，本文后续所提阵列都为线性阵列。几种常见的极化阵列结构示意图如图 2.8 所示。

极化阵列信号模型的建立可以分为两步：首先建立单个极化阵元模型；然后结合空域信息建立极化域-空域联合阵列模型。

首先给出笛卡儿坐标系，并假设极化阵元位于坐标原点，入射信号来自(ϕ,θ)方向，其信号极化参量为(γ,φ)，原始发射信号为$d(t)$。那么，阵元接收信号极化矢量为：

$$\boldsymbol{s}_p = \begin{bmatrix} E_x(t) \\ E_y(t) \\ E_z(t) \\ H_x(t) \\ H_y(t) \\ H_z(t) \end{bmatrix} = \begin{bmatrix} -\sin\phi & \cos\theta\cos\phi \\ \cos\phi & \cos\theta\sin\phi \\ 0 & -\sin\theta \\ \cos\theta\cos\phi & \sin\phi \\ \cos\theta\sin\phi & -\cos\phi \\ -\sin\theta & 0 \end{bmatrix} \begin{bmatrix} \cos\gamma \\ \sin\gamma \mathrm{e}^{\mathrm{j}\varphi} \end{bmatrix} \tag{2.40}$$

由式（2.40）可见，极化阵元矢量不仅依赖于入射矢量信号极化状态，还与入射信号的波达方向有关。因此，极化阵元信号接收模型可以表示为

$$x_p(t)=\boldsymbol{s}_p\cdot d(t)+\boldsymbol{n}(t) \tag{2.41}$$

其中，$\boldsymbol{n}(t)$是噪声矢量，表示各极化通道噪声。

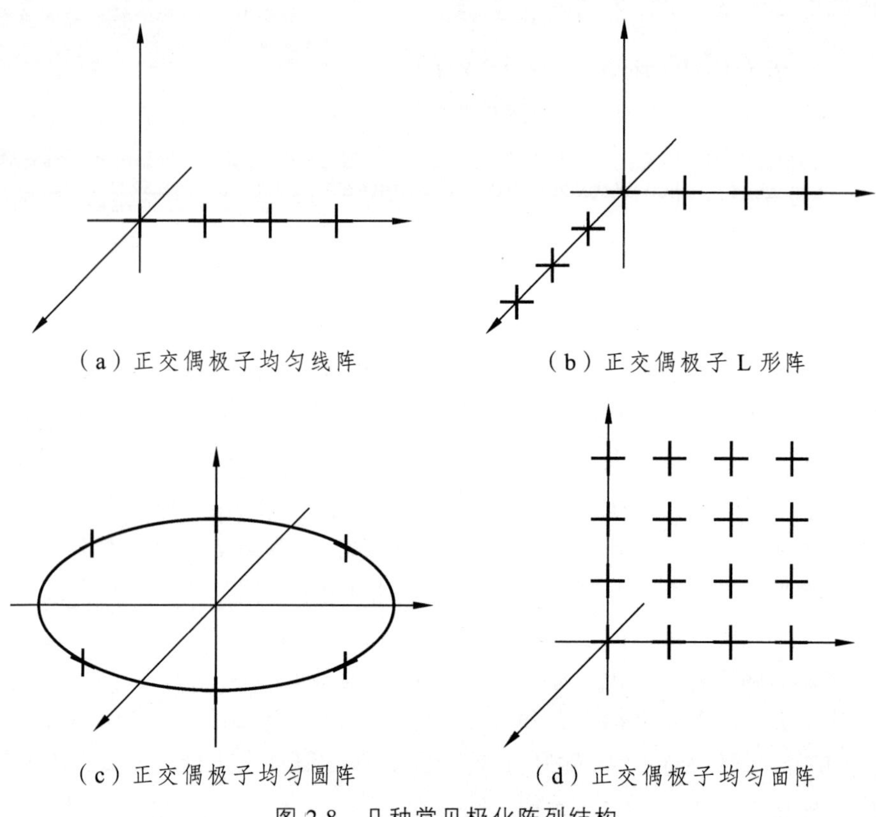

（a）正交偶极子均匀线阵　（b）正交偶极子 L 形阵

（c）正交偶极子均匀圆阵　（d）正交偶极子均匀面阵

图 2.8　几种常见极化阵列结构

考虑极化阵元组成的均匀线阵，在同一时刻不同位置的阵元同时接收到目标信号，这样采集到的数据不仅含有回波信号的极化信息还包含信号的空域信息。

假设空间电磁波以平面波形式在空间沿波数矢量 $\boldsymbol{k}$ 的方向传播，阵列由 N 个极化阵元组成，阵元线性排列。以坐标原点为参考点，第 n 个阵元相对于参考原点的空间相位滞后为：

$$\phi_n=\boldsymbol{k}^{\mathrm{T}}\boldsymbol{l}_n \tag{2.42}$$

其中，$\boldsymbol{l}_n=(\boldsymbol{x}_n,\boldsymbol{y}_n,\boldsymbol{z}_n)$表示第 n 个极化阵元坐标矢量。

对于均匀线阵，阵列结构示意图如图 2.9 所示。

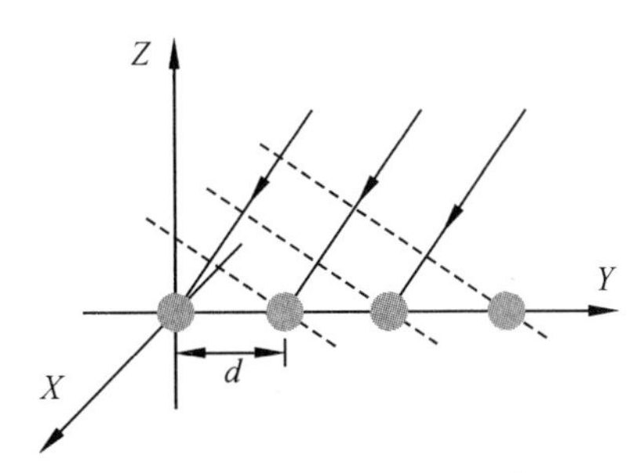

图 2.9　均匀线阵结构示意图

线阵各阵元均匀排列在 Y 轴上，阵元间隔为 d，入射信号空间到达角为(ϕ,θ)。对于线性阵列而言，其阵列空间导向矢量可以表示为

$$\boldsymbol{s}_s=\begin{bmatrix}1 & q & \cdots & q^{N-1}\end{bmatrix}^{\mathrm{T}} \tag{2.43}$$

其中，$q=\mathrm{e}^{\mathrm{j}\frac{2\pi}{\lambda}d\sin\phi\sin\theta}$，$\lambda$为入射信号波长。由此，我们可以得到最终的极化阵列信号模型为

$$x(t)=\boldsymbol{s}_s\otimes\boldsymbol{s}_p d(t)+\boldsymbol{n}(t)=\boldsymbol{s}d(t)+\boldsymbol{n}(t) \tag{2.44}$$

其中，“⊗”表示矩阵 Kronecker 积；$\boldsymbol{s}=\boldsymbol{s}_s\otimes\boldsymbol{s}_p$表示入射信号的极化域-空域联合导向矢量。

当存在 K 个入射信号时，极化阵列接收信号为各个信号响应的叠加，表示为

$$x(t)=\sum_{k=1}^{K}\boldsymbol{s}_{\mathrm{s},k}\otimes\boldsymbol{s}_{p,k}d(t)+\boldsymbol{n}(t)=\sum_{k=1}^{K}\mathbf{s}_k d(t)+\boldsymbol{n}(t) \tag{2.45}$$

2.3　双基地雷达基础

与外辐射源雷达一样，PRPD 也属于双基地雷达范畴，因此在研究 PRPD 前先介绍双基地雷达相关基础知识[153-154]。本节首先从传统双基地雷达方程

导出双基地 PRPD 方程，再从多普勒关系、分辨率等方面对双基地 PRPD 相关知识进行了阐述。

2.3.1 双基地雷达方程

双基地雷达目标探测位置关系如图 2.10 所示，其中，沿基线延伸的坐标轴为 X 轴，L 表示收发站之间的基线距离，R_T 为发射站与目标之间的直线距离，R_R 为接收站与目标之间的直线距离，θ_T 为雷达发射站天线与地平面夹角，θ_R 为雷达接收站天线与地平面夹角，β 为双基地角，v 代表目标飞行速度，δ 是目标速度方向与双基地角平分线夹角。

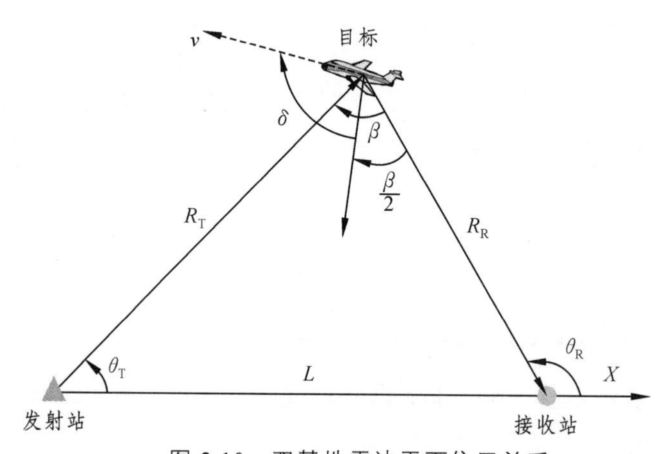

图 2.10 双基地雷达平面位置关系

雷达最基本的任务是获取目标的距离、速度与方位等信息。其中，评估雷达系统性能的一个重要指标为雷达的探测能力，也即雷达能发现目标的有效距离。雷达的探测距离受到目标特性，所处环境以及系统收、发设备等组成单元的参数影响。理论上，雷达探测距离一般可通过雷达方程计算得到。

双基地雷达方程与单基地雷达方程表达式的主要区别在于：单基地雷达收发同站，其雷达方程中用到的是目标到雷达的单程距离平方项；而双基地雷达收发分置，其雷达方程中表示为目标到发射站距离与目标到接收站距离之积，也即双基地距离积。因此，SNR 等值线在单基地雷达中，表现为以雷达为中心的圆，而在双基地雷达中体现为卡西尼（Cassini）卵形线。

双基雷达方程与单基雷达方程另外几个区别：目标的 RCS 变化，由单基地 RCS 换成了双基地 RCS；天线增益也发生了变化，原本收发合一的单基地雷达天线增益变成了收、发站各自的天线增益。

自由空间的双基地雷达方程为

$$P_{\mathrm{R}}=\frac{P_{\mathrm{T}}G_{\mathrm{T}}G_{\mathrm{R}}\lambda^{2}\sigma_{\mathrm{B}}}{(4\pi)^{3}R_{\mathrm{T}}^{2}R_{\mathrm{R}}^{2}} \tag{2.46}$$

或者

$$(R_{\mathrm{T}}R_{\mathrm{R}})_{\max}^{2}=\frac{P_{\mathrm{T}}G_{\mathrm{T}}G_{\mathrm{R}}\lambda^{2}\sigma_{\mathrm{B}}}{(4\pi)^{3}P_{\mathrm{R\,min}}} \tag{2.47}$$

其中，P_{R} 为接收目标回波功率；P_{T} 为发射站辐射功率；G_{T} 为发射天线增益；G_{R} 为接收天线增益；σ_{B} 为目标的双基地 RCS；λ 为电磁波波长；R_{T} 和 R_{R} 分别表示雷达发射机到目标的距离和从目标到雷达接收机的距离；$P_{\mathrm{R\,min}}$ 为接收站接收机的最小可检测信号功率。

外部噪声为接收机主要噪声来源，雷达中的 $P_{\mathrm{R\,min}}$ 值可以表示为

$$P_{\mathrm{R\,min}}=\mathrm{K}T_{0}BF(S/N)_{\min} \tag{2.48}$$

其中，K 为波尔兹曼常数（1.38×10^{-23} J/K）；T_{0} 为环境温度（290 K）；B 为接收机有效带宽；F 为接收机噪声系数；$(S/N)_{\min}$ 为进入接收机信号检测时所需的最小信噪比。当接收信号功率满足最小可检测条件时，可得到最大的双基地距离乘积平方 $(R_{\mathrm{T}}R_{\mathrm{R}})_{\max}^{2}$。

在实际电磁传播环境中，还必须考虑天线方向图传播因子 F_{T} 和 F_{R} 以及系统损耗因子 L_{s} 的影响。双基地雷达方程表述为

$$(R_{\mathrm{T}}R_{\mathrm{R}})_{\max}^{2}=\frac{P_{\mathrm{T}}G_{\mathrm{T}}G_{\mathrm{R}}\lambda^{2}\sigma_{\mathrm{B}}F_{\mathrm{T}}^{2}F_{\mathrm{R}}^{2}}{(4\pi)^{3}P_{\mathrm{R\,min}}L_{s}}=\frac{P_{\mathrm{T}}G_{\mathrm{T}}G_{\mathrm{R}}\lambda^{2}\sigma_{\mathrm{B}}F_{\mathrm{T}}^{2}F_{\mathrm{R}}^{2}}{(4\pi)^{3}KT_{0}BF(S/N)_{\min}L_{s}} \tag{2.49}$$

在使用上述方程评估 PRPD 探测威力时，极化天线的使用将会带来极化匹配增益 G_{P}。极化匹配增益为极化天线通过虚拟适配使期望矢量信号被完全接收所获得的增益，完全适配时，其值取 1。极化匹配增益 G_{P} 可以表示为

$$G_{\mathrm{P}}=\boldsymbol{P}_{s}^{\mathrm{H}}\cdot\boldsymbol{P}_{t}=\begin{bmatrix}\cos\gamma_{s}\\ \sin\gamma_{s}\mathrm{e}^{\mathrm{j}\varphi_{s}}\end{bmatrix}^{\mathrm{H}}\begin{bmatrix}\cos\gamma_{t}\\ \sin\gamma_{t}\mathrm{e}^{\mathrm{j}\varphi_{t}}\end{bmatrix} \tag{2.50}$$

其中，$\boldsymbol{P}_{s}$ 表示极化适配器；$\boldsymbol{P}_{t}$ 表示期望信号极化状态；γ_{s} 和 φ_{s} 分别表示极化

天线适配极化角与极化相位；γ_t 和 φ_t 分别表示期望信号极化角与极化相差。当 $G_P=1$ 时，表示极化天线接收极化状态与期望信号匹配。当 $0 \leqslant G_P<1$ 时，接收天线极化失配，极化矢量信号无法被极化天线完全接收。因此，双基地 PRPD 改写为

$$(R_T R_R)^2_{max} = \frac{P_T G_T G_R G_P \lambda^2 \sigma_B F_T{}^2 F_R{}^2}{(4\pi)^3 K T_0 B F (S/N)_{min} L_s} \tag{2.51}$$

方程中每个参数的不同赋值将会影响到雷达的探测能力。广播和通信接收端天线增益通常较低，噪声系数很大，因此大多数的外辐射源发射天线功率 P_T 要足够高，以此来抵抗这些不足和损耗。下面将围绕有效带宽 B、双基地 RCS σ_B 以及接收机噪声系数 F 进行介绍。

2.3.1.1 有效带宽和积累增益

在外辐射源雷达系统中，一般会利用相干处理的办法来分离目标和地、物散射回波多普勒谱，以及通过相干积累增益提高目标 SNR。相干积累增益 G_C 可以由有效带宽 B 和相干积累时间 T 获得，即 $G_C=TB$。接收机有效带宽 B 即为参考信号的有效带宽，相干积累时间 T 的选取与目标的运动状态有关。根据经验，一般相干积累时间的最大值为

$$T_{max} = \left(\frac{\lambda}{A_R}\right)^{1/2} \tag{2.52}$$

其中，A_R 是目标加速度的径向分量。

经过相干积累之后的双基地 PRPD 方程就变为

$$(R_T R_R)^2_{max} = \frac{P_T G_T G_R G_P \lambda^2 \sigma_B F_T^2 F_R^2 T}{(4\pi)^3 K T_0 F (S/N)_{min} L_s} \tag{2.53}$$

它显示了双基地 PRPD 的信噪比等值线为 Cassini 卵形线（$R_T R_R=$常数）。

2.3.1.2 双基地雷达散射截面

在雷达目标特性研究中，目标散射回波通常以 RCS 来表征，它反映了目标在特定的入射角度和入射功率电磁波照射下散射功率的大小。复杂目标的 RCS 在单基地模式下，主要与发射电磁波的工作波长、入射角度、相对于同一

坐标系的极化，以及目标的大小尺寸、形状、材料的电参数等因素有关。对于PRPD 来说，目标的 RCS 还与发射、接收极化以及它们相对于目标的视角有关。

利用 Jones 矢量描述入射电磁波为 $\boldsymbol{E}_{\mathrm{T}}=\begin{bmatrix}E_{\mathrm{TH}} & E_{\mathrm{TV}}\end{bmatrix}^{\mathrm{T}}$，描述散射电磁波为 $\boldsymbol{E}_{\mathrm{R}}=\begin{bmatrix}E_{\mathrm{RH}} & E_{\mathrm{RV}}\end{bmatrix}^{\mathrm{T}}$，目标散射矩阵定义为

$$\boldsymbol{S}=\begin{bmatrix}S_{\mathrm{HH}} & S_{\mathrm{VH}}\\ S_{\mathrm{HV}} & S_{\mathrm{VV}}\end{bmatrix} \tag{2.54}$$

则有

$$\boldsymbol{E}_{\mathrm{R}}=\boldsymbol{S}\cdot\boldsymbol{E}_{\mathrm{T}} \tag{2.55}$$

其中，S_{VH}表示水平极化电磁波照射目标时散射电磁波的垂直极化分量。散射矩阵各元素均与入射电磁波频率、俯仰角、方位角以及散射电磁波的俯仰角、方位角有关。目标在已知照射频率及确定姿态条件下，双基地 RCS 可以表示为

$$\sigma_{ij}\left(f,\theta_{\mathrm{T}},\varphi_{\mathrm{T}},\theta_{\mathrm{R}},\varphi_{\mathrm{R}}\right)=4\pi\left|S_{ij}\left(f,\theta_{\mathrm{T}},\varphi_{\mathrm{T}},\theta_{\mathrm{R}},\varphi_{\mathrm{R}}\right)\right|^{2} \tag{2.56}$$

其中，$i,j=H,V$，f 为入射电磁波频率，θ_{T} 与 φ_{T} 分别表示入射电磁波俯仰角与方位角，θ_{R} 与 φ_{R} 分别表示散射电磁波俯仰角与方位角。

2.3.1.3 接收机噪声系数

目标散射回波信号与干扰、噪声共同组成了接收信号。由于干扰与噪声都会对目标检测性能造成影响，因此我们把噪声和干扰都包含在噪声系数当中，归纳如下：

1. 基底噪声

雷达的内部噪声主要来源于系统各组成部分，例如天线、电缆以及内部电子元器件。雷达系统的外部噪声来源于自然界无线电噪声和人为无线电噪声两部分，前者来自太阳等天体、地球大气、地表的无线电辐射、雷电等；后者主要包括各种工业、交通、输电、电器和电气设备产生的噪声。

2. 直达波和多径散射信号

直达波是 PRPD 接收信号中的主要组成部分，通常出现在确定的入射方向上。接收信号中还包含了经过地面建筑或其他物体反射的多径散射信号。

3. 其他突发干扰信号

其他发射站的同频/邻频干扰会给 PRPD 系统带来制约与影响。

2.3.2 双基地雷达目标参数

2.3.2.1 双基地雷达目标多普勒频移

双基地雷达的多普勒频移定义为目标散射信号总路径随时间的变化率与波长 λ 的比值，即

$$f_{\mathrm{d}}=\frac{1}{\lambda}\frac{\mathrm{d}}{\mathrm{d}t}(R_{\mathrm{R}}+R_{\mathrm{T}})=\frac{1}{\lambda}\left(\frac{\mathrm{d}R_{\mathrm{R}}}{\mathrm{d}t}+\frac{\mathrm{d}R_{\mathrm{T}}}{\mathrm{d}t}\right) \tag{2.57}$$

求得目标相对于发射站和接收站的径向速度为

$$\frac{\mathrm{d}R_{\mathrm{T}}}{\mathrm{d}t}=v\cos\left(\delta+\frac{\beta}{2}\right) \tag{2.58}$$

$$\frac{\mathrm{d}R_{\mathrm{R}}}{\mathrm{d}t}=v\cos\left(\delta-\frac{\beta}{2}\right) \tag{2.59}$$

由以上三式可得运动目标的多普勒频移为

$$f_{\mathrm{d}}=\frac{2v}{\lambda}\cos\delta\cos\frac{\beta}{2} \tag{2.60}$$

式（2.60）中，$\frac{2v}{\lambda}\cos\delta$ 表示目标的径向速度，取决于目标动态；$\cos\frac{\beta}{2}$ 为双基地角 β 的函数。目标径向速度在双基地情形下，指目标速度沿双基地角的角平分线方向上的分量。因此，双基地多普勒频移 f_{d} 不仅与目标的速度有关，还受到双基地收、发站之间的相对位置影响，由式（2.60）可得如下结论：

（1）对所有的 β 值，当 $-90°<\delta<90°$ 时，f_{d} 为正，目标运动姿态为朝向雷达；当 $90°<\delta<270°$ 时，f_{d} 为负，目标运动姿态为远离雷达。

（2）当 $\beta\neq0°$ 时，对于任意一个特定的 δ 值，目标双基地多普勒频移均小于处于双基地角平分线上的目标单基地多普勒频移；当 $\beta=0°$ 时，双基地多普勒频移可以等效为单基地形式，此时目标位于基线延长线上。

（3）当 $\beta<180°$ 时，如果目标的运动方向为双基地角平分线方向时，双基地多普勒频移值最大，即 $\delta=0°$ 时，f_{d} 为最大正值，$\delta=180°$ 时，f_{d} 为最大负值。

（4）对所有的 β 值，当目标运动方向垂直于双基地角平分线时，即 $\delta=\pm 90°$ 时，$f_{\rm d}$ 为零，这说明目标在收、发站为焦点的椭圆切线方向运动时，其多普勒频移为0；当 $\beta=180°$ 时，目标处于基线上，无论 δ 为何值，$f_{\rm d}$ 均为零，基线及其附近区域为目标多普勒盲区。

2.3.2.2 双基地雷达目标分辨率

系统目标分辨率的高低，体现了雷达区分邻近目标的能力。双基地雷达目标分辨率既要考虑雷达本身参数，还考虑目标在双基地雷达中的所处位置。

双基雷达目标分辨率主要从距离、角度及速度分辨率三个方面考虑，分别定义为回波幅度相近、相位恒定的两个目标在距离、角度和速度上能被区分开来的能力，即分辨两个目标之间的最小距离间隔、最小速度间隔及最小角度间隔。双基地雷达的目标距离、速度和角度分辨率可分别表示为

$$\Delta R\approx\frac{c}{2B\cos^2\left(\dfrac{\beta}{2}\right)},\ \Delta v\approx\frac{\lambda}{2T\cos\left(\dfrac{\beta}{2}\right)},\ \Delta\psi\approx\frac{2\Delta\theta_{\rm R}R_{\rm R}}{\cos\left(\dfrac{\beta}{2}\right)} \tag{2.61}$$

式中，c 代表光速。

2.4 极化分集信号处理关键技术

2.4.1 极化滤波

极化滤波技术PRPD信号处理流程中的一个重要环节。对于单个强干扰源，如果其辐射电磁波具有确定的极化状态，利用VPA[37]技术可以有效抑制干扰。基于虚拟适配原理，英国学者A.J. Poelman提出了单凹口自适应极化滤器与多凹口极化滤波技术。该类方法均以干扰抑制为目的，有效利用了干扰极化状态信息，但由于采用非线性处理，破坏了信号相参性，使滤波后的目标信号无法进行相参积累，不利于后续目标检测。针对上述情况，文献[51]提出了一种干扰抑制极化滤波器及目标信号补偿方法。

对于干扰抑制极化滤波器而言，如果将目标和干扰的极化状态分别表示为

$$\boldsymbol{E}_s(t)=\begin{bmatrix}E_{sH}(t)\\E_{sV}(t)\end{bmatrix}=\begin{bmatrix}E_s\cos\gamma_s e^{j\omega_s t}\\E_s\sin\gamma_s e^{j(\omega_s t+\varphi_s)}\end{bmatrix} \tag{2.62}$$

$$\boldsymbol{E}_i(t)=\begin{bmatrix}E_{iH}(t)\\E_{iV}(t)\end{bmatrix}=\begin{bmatrix}E_i\cos\gamma_i e^{j\omega_i t}\\E_i\sin\gamma_i e^{j(\omega_i t+\varphi_i)}\end{bmatrix} \tag{2.63}$$

其中，γ_s 和 γ_i 表示目标信号与干扰信号极化角；φ_s 和 φ_i 表示目标信号与干扰信号通道之间相位差；ω_s 和 ω_i 代表目标和干扰信号中心频率。假设目标和干扰信号具有相同的中心频率，即 $\omega_0=\omega_s=\omega_i$，不考虑噪声，那么接收信号可以表示为

$$\boldsymbol{E}_r(t)=\boldsymbol{E}_s(t)+\boldsymbol{E}_i(t) \tag{2.64}$$

基于极化滤波原理构建极化滤波算子为

$$\boldsymbol{H}_p=\begin{bmatrix}H_p\cos\gamma_p\\H_p\sin\gamma_p e^{j\varphi_p}\end{bmatrix} \tag{2.65}$$

其中，γ_p 表示滤波算子极化角；φ_p 表示滤波算子通道之间极化相差。经过滤波处理后，输出信号可以表示为

$$E_o(t)=\left[\boldsymbol{E}_s(t)+\boldsymbol{E}_i(t)\right]\cdot\boldsymbol{H}_p=\boldsymbol{E}_s(t)^{\mathrm{T}}\boldsymbol{H}_P^*+\boldsymbol{E}_i(t)^{\mathrm{T}}\boldsymbol{H}_P^* \tag{2.66}$$

其中，· 表示点积符号；T 表示矢量转置符号；* 表示共轭符号。

不失一般性，假设每个矢量都为单位矢量，那么

$$|\boldsymbol{E}_s|=|\boldsymbol{E}_i|=|\boldsymbol{H}_p| \tag{2.67}$$

如果要有效抑制干扰信号，就需要满足：

$$\boldsymbol{E}_i^{\mathrm{T}}(t)\boldsymbol{H}_p^*=0 \tag{2.68}$$

结合式（2.63）和式（2.65），可以得到：

$$\boldsymbol{E}_i^{\mathrm{T}}(t)\boldsymbol{H}_p^*=\cos\gamma_i\cos\gamma_p e^{j\omega_0 t}+\sin\gamma_i\sin\gamma_p e^{j(\omega_0 t+\varphi_i-\varphi_p)} \tag{2.69}$$

要满足式（2.68）条件，干扰及滤波算子的极化角与极化相差必须满足如下条件：

$$\gamma_i+\gamma_p=\frac{\pi}{2} \tag{2.70}$$

$$\varphi_i-\varphi_p=\pm\pi \tag{2.71}$$

经过滤波处理后，干扰信号被抑制，剩余目标回波信号可以表示为

$$\boldsymbol{E}_{\mathrm{p}}(t)=\boldsymbol{E}_{\mathrm{s}}^{\mathrm{T}}(t)\boldsymbol{H}_{\mathrm{P}}^{*}=\cos\gamma_{\mathrm{s}}\cos\gamma_{\mathrm{p}}\mathrm{e}^{\mathrm{j}\omega_0 t}+\sin\gamma_{\mathrm{s}}\sin\gamma_{\mathrm{p}}\mathrm{e}^{\mathrm{j}(\omega_0 t+\varphi_{\mathrm{s}}-\varphi_{\mathrm{p}})} \tag{2.72}$$

由式（2.72）可以看出，虽然干扰信号被抑制，但是极化滤波算子对目标信号的幅度和相位造成了影响，我们将这种影响称之为极化失配损失。为了避免失配损失，引入线性极化变换算子 $\boldsymbol{L}_{\mathrm{p}}$，将目标极化角变换到垂直极化，即变换后的 $\gamma_{\mathrm{s}}'=90°$。这样得到 $\cos\gamma_{\mathrm{s}}'=0$ 以及 $\sin\gamma_{\mathrm{s}}'=1$，式（2.72）可以简化为

$$\hat{\boldsymbol{E}}_{\mathrm{p}}(t)=\boldsymbol{L}_{\mathrm{p}}\boldsymbol{E}_{\mathrm{s}}^{\mathrm{T}}(t)\boldsymbol{H}_{\mathrm{P}}^{*}=\sin\gamma_{\mathrm{p}}\mathrm{e}^{\mathrm{j}(\omega_0 t+\varphi_{\mathrm{s}}-\varphi_{\mathrm{p}})} \tag{2.73}$$

利用相位因子 $\mathrm{e}^{\mathrm{j}\varphi_{\mathrm{p}}}$ 补偿相位损失可以得到：

$$\boldsymbol{L}_{\mathrm{p}}\boldsymbol{E}_{\mathrm{s}}^{\mathrm{T}}(t)\boldsymbol{H}_{\mathrm{p}}^{*}\mathrm{e}^{\mathrm{j}\varphi_{\mathrm{p}}}=\sin\gamma_{\mathrm{p}}\mathrm{e}^{\mathrm{j}(\omega_0 t+\varphi_{\mathrm{s}})} \tag{2.74}$$

然后利用幅度补偿因子 $\dfrac{1}{\sin\gamma_{\mathrm{p}}}$ 补偿目标信号幅度损失，经过幅相补偿后，最终输出信号表达式为

$$\hat{\boldsymbol{E}}_{\mathrm{o}}(t)=\boldsymbol{L}_{\mathrm{p}}\boldsymbol{E}_{\mathrm{s}}^{\mathrm{T}}(t)\boldsymbol{H}_{\mathrm{P}}^{*}\frac{\mathrm{e}^{\mathrm{j}\varphi_{\mathrm{p}}}}{\sin\gamma_{\mathrm{p}}}=\mathrm{e}^{\mathrm{j}(\omega_0 t+\varphi_{\mathrm{s}})} \tag{2.75}$$

其中，$\dfrac{\mathrm{e}^{\mathrm{j}\varphi_{\mathrm{p}}}}{\sin\gamma_{\mathrm{p}}}$ 表示目标信号的幅相补偿因子。经过补偿后的目标信号与原始目标信号保持了幅相的一致性，这对于相参雷达系统来说是十分重要的。

2.4.2 极化分集合并

在无线通信中，多径效应会形成空间驻波，使接收的通信信号幅度急剧变化，产生衰落，严重影响通信质量。分集合并技术是对抗多径衰落，特别是深度衰落最有效的方式之一[76]，可以有效改善传输的可靠性。

当极化分集系统获得若干条相互独立的极化信号后，通过合并技术可以得到分集合并增益。常用的极化分集合并方法可以分为以下几类：PDMRC 方法、PDEGC 方法、PDSC 方法以及 PDSSC 方法。

图 2.11 为 N 条支路极化分集合并原理框图，图中 $w_i(i=1,2\cdots N)$ 表示不同合并方式的加权系数。假设接收端第 i 条极化支路信号为 $x_i(t)$，经过合并处理后输出信号 $y(t)$ 可以表示为

$$y(t)=\sum_{i=1}^{N} w_i x_i(t) \tag{2.76}$$

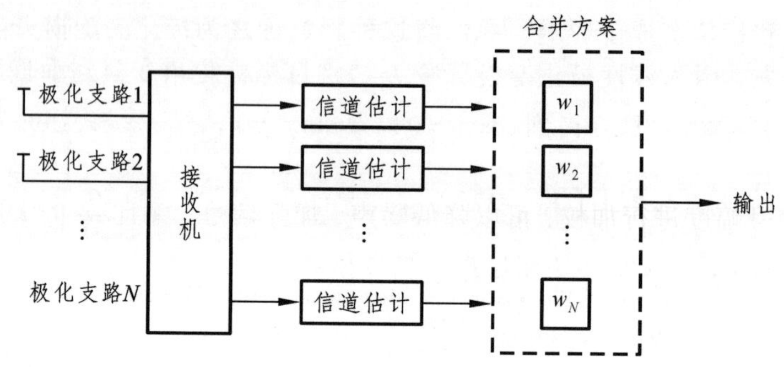

图 2.11　极化分集合并原理框图

2.4.2.1　极化分集最大比合并

PDMRC 方法各极化支路信号权值的选取以最大化合并输出 SNR 为准则。假设第 i 条极化支路信号经过通道延时补偿后为

$$x_i(t)=\alpha_i \mathrm{e}^{-\mathrm{j}\beta_i} s(t)+n_i(t) \tag{2.77}$$

其中，α_i、β_i 和 $n_i(t)$ 分别为第 i 条极化支路接收信号的幅度衰落、相位及高斯白噪声。采用 PDMRC 方法合并时，第 i 条极化支路信号加权系数 w_i 可以表示为

$$w_i=\frac{\alpha_i}{N_i}\mathrm{e}^{\mathrm{j}\beta_i} \tag{2.78}$$

式（2.78）中，N_i 表示第 i 条极化支路信号的噪声功率谱密度。对 N 条极化支路信号 $x_i(t)(i=1,2\cdots N)$ 进行加权得到合并输出信号为

$$y_{\mathrm{PDMRC}}(t)=\sum_{i=1}^{N} w_i x_i(t) \tag{2.79}$$

此时，合并输出信号幅度为

$$\alpha_{\mathrm{PDMRC}}=\sum_{i=1}^{N}\alpha_i^2 \tag{2.80}$$

合并输出信号最大信噪比为

$$\eta_{\text{PDMRC}} = \sum_{i=1}^{N} \eta_i = \sum_{i=1}^{N} \frac{\alpha_i^2 E_s}{N_i} \tag{2.81}$$

其中，η_i 表示第 i 条极化支路信噪比，E_s 为发射信号能量。

在 PDMRC 合并方法中，加权系数 w_i 涉及三个参量：极化分支幅度 α_i、噪声功率谱密度 N_i 以及相位 β_i。因此，对各极化分支信号进行加权时，$\frac{\alpha_i}{N_i}$ 主要是对信号幅度进行加权，可以降低噪声，加强信号，并且 $\frac{\alpha_i}{N_i}$ 的大小与 α_i 以及 N_i 的取值有关，这表明对于信道 SNR 较高的极化分支幅度加权系数大，SNR 较低的极化分支幅度加权系数小。同时，$e^{j\beta_i}$ 分量补偿了极化支路初始相位，使各支路之间满足同相相加条件。PDMRC 可以实现合并输出信噪比最大，而不受限于各极化支路所具有的衰落特征[76]。

PDMRC 方法通过加权合并各极化分支信号能取得最大信噪比输出，但是也存在一些问题：在合并的同时需要不间断地对各极化分集支路信号进行监测，估计各分集支路时延 τ_i、相位 β_i 以及幅度 α_i，补偿支路时延，校正相位并进行幅度加权，这使得分集系统复杂性加大[76]。

2.4.2.2 极化分集等增益合并

PDMRC 方法性能最佳，但是复杂度较高。一种通过减少估计参数以降低分集合并实现难度的方案被提出，称之为极化分集等增益合并，其基本思路为无须对各极化分支信号进行等幅度加权，只需对各分支信号相位进行补偿，以保证各分支信号同相相加。相对 PDMRC 方案，PDEGC 方法无须估计参量 α_i 与 N_i，而只需估计出极化支路相位 β_i 即可，实现难度降低。

当采用 PDEGC 方法时，第 i 条支路信号加权系数可以表示为

$$w_i = a \cdot e^{j\beta_i} \tag{2.82}$$

其中，a 表示一个常数。

N 条极化支路信号经过加权后，合并输出为

$$y_{\text{PDEGC}}(t) = \sum_{i=1}^{N} w_i x_i(t) \tag{2.83}$$

此时，合并输出信号幅度为

$$\alpha_{\mathrm{PDEGC}}=\sum_{i=1}^{N}\alpha_i \tag{2.84}$$

合并输出信号最大信噪比为

$$\eta_{\mathrm{PDEGC}}=\sum_{i=1}^{N}\eta_i=\frac{\left(\sum_{i=1}^{N}\alpha_i^2\right)^2}{\sum_{i=1}^{N}N_i}E_s \tag{2.85}$$

对比式（2.81）与式（2.85）可以发现，PDEGC 是 PDMRC 的一种特殊情况。PDEGC 方法不需要对各极化支路衰减幅度进行估计，分集合并复杂度降低，但性能稍差于 PDMRC。当极化分集支路数量较大时，PDEGC 方法与 PDMRC 方法合并后的输出信噪比相差不大，为 1 dB 左右[76]。通常情况下，PDEGC 是 PDMRC 的一种良好的替代方案，是次最优合并技术。PDEGC 只需估计极化支路相位，如果相位估计出现误差，会对分集合并系统性能造成影响。

2.4.2.3 极化分集选择合并

PDMRC 与 PDEGC 两种极化分集合并方法都属于加权求和的合并方法。极化分集选择合并以系统稳定性为前提，方法的具体实现过程为：当各极化支路信号进入选择合并器时，合并器只选择信号 SNR 最高的支路，并将此支路信号作为合并后的输出信号。此时，加权系数可以表示为

$$w_i=\begin{cases}1, & \eta_l=\max\eta_i\,(i=1,2,\cdots,l,\cdots,N);\\ 0, & \text{其他}\end{cases} \tag{2.86}$$

PDSC 方法只需从 N 条极化支路中选出一条 SNR 最高的支路作为输出，无须进行衰减幅度与相位估计，相较于 PDMRC 与 PDEGC 而言复杂度较小，但是牺牲了部分合并增益。PDSC 需要实时监测各极化分支并进行比较，多路输入只选择一路输出，除了信噪比最高的分支，其他分支对于极化分集系统最后的输出信号并无贡献，造成了系统资源的浪费。

2.4.2.4 极化分集切换合并

类似于 PDSC，极化分集切换合并也可归类于选择性合并方式，只不过

其依赖特殊的控制电路来实现不同极化分支信号间的切换，是一种复杂度低且节约系统资源的合并方案。极化分集切换合并的实现过程为：依据信道先验知识以及对极化分集合并系统的要求预先设置一个切换门限值 ε_{T}，随机选取一个极化分支，若所选分支信号瞬时 SNR 高于所设门限，则一直使用该支路信号作为输出，若所选分支性能低于所设门限值，则切换到另一分支作为输出。其中，PDSSC 是一种较为常用的极化切换合并方式。

相对于 PDSC，PDSSC 无须实时监测各支路信号信噪比高低，合并系统为单输入单输出结构，即切换到所需支路时，支路进入工作状态，其他支路无须工作，这样就解决了 PDSC 存在的资源浪费现象。因为 PDSSC 的选择带有随机性，并不是选择最优支路，所以合并输出信号信噪比低于 PDSC。极化分集切换合并实现原理如图 2.12 所示。

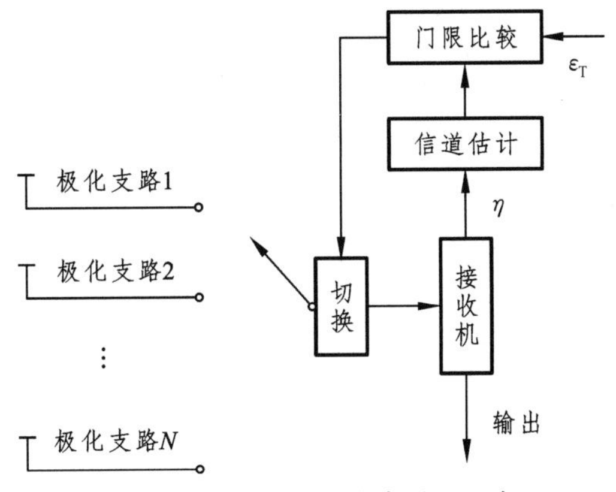

图 2.12　极化分集切换合并原理框图

2.5　本章小结

本章主要从外辐射源雷达极化信号表征、双基地雷达基础以及极化分集信号处理关键技术三大方面进行介绍。

（1）首先从信号的不同极化形式入手，介绍了线极化、圆极化以及椭圆极化三种基本极化方式，给出了三种极化方式下电场的表达式；其次利用 Jone 矢量与 Stokes 矢量两种表征形式分别表征了极化信号与极化阵列信号，推导了具体的表达式，该表达式对后续极化分集研究提供了理论支持。

（2）PRPD 属于一种特殊的双/多基地雷达系统，因此，本章着重介绍了双基地雷达基础理论知识。首先介绍了基本的双基地雷达方程，在原有方程基础上，引入了极化匹配增益概念，提出了基于极化分集的双基地雷达方程；其次介绍了双基地雷达的多普勒频移与目标运动状态关系；最后介绍了双基地雷达的分辨率知识。

（3）极化分集信号的处理技术在主动极化雷达研究与无线通信领域都取得了较大进展。首先，介绍了一种基于干扰与目标极化状态先验知识的干扰抑制极化滤波器，该滤波器不仅能有效抑制干扰，还能补偿目标信号幅相损失。其次介绍了基于无线通信领域的四种基本极化分集合并技术，分析了每种合并方法的优缺点。

第3章

PRPD 滤波新方法

3.1 引　言

在外辐射源雷达信号处理方法研究中，干扰与杂波抑制问题一直是研究的热点与难点。一般情况下，目标信号与干扰、杂波信号之间至少存在某一方面特征差异，例如到达方向不同，子空间特性不同，频域结构差异等。有效利用特征差异能抑制干扰与杂波，提高目标 SNR。根据上述特征差异，研究者们分别提出相应的滤波算法，发展了不同的滤波理论。随着人们对电磁波极化特性的认知日益加深，以及极化分集和极化捷变技术的不断发展，利用极化信息来抑制干扰、杂波，增强目标信号已成为可能。

在 PRPD 滤波算法的研究中，首先要解决的是在多干扰、杂波条件下，使干扰、杂波输出最小化的问题；另外，对于相参系统而言，补偿极化滤波算子对目标幅度、相位的影响也至关重要。本章首先建立基于 PRPD 的信号模型；其次介绍外辐射源的系统架构及信号结构特点，为新算法提出做好铺垫；然后阐述常规极化滤波技术原理及其在外辐射源雷达干扰、杂波抑制中所面临的问题；最后提出一种基于子载波处理的极化滤波新方法，该方法不受幅度调制因子影响，具有更好的鲁棒性。仿真实验结果证明了方法的有效性。具体研究内容如图 3.1 所示。

3.2 信号模型

在外辐射源雷达信号建模中，一般将直达波及固定地物杂波建模为一系列零多普勒点散射体，将移动目标散射回波建模为具有多普勒信息的点散射信号。

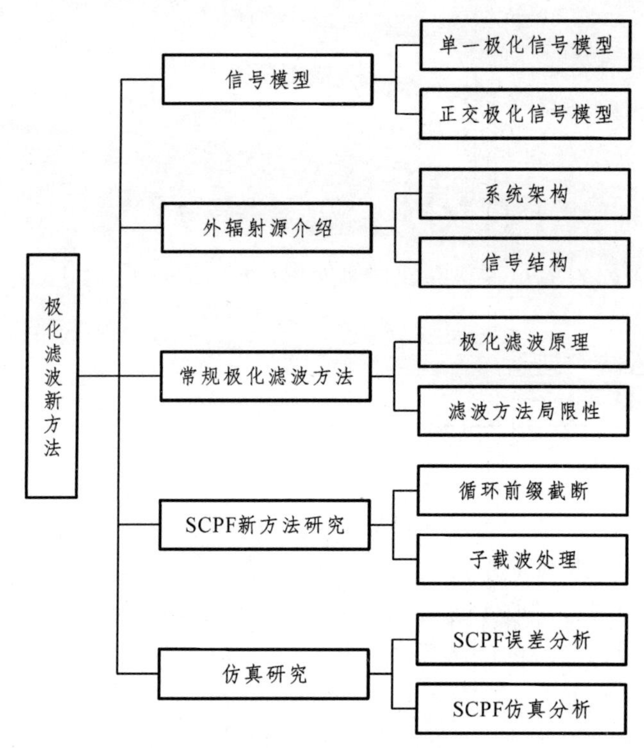

图 3.1　本章研究内容对应的框图

3.2.1　单极化信号模型

外辐射源雷达接收天线分为两类：一类用来接收直达波信号用于后续匹配滤波处理，称为参考天线；另一类用来获取目标信息，称为监测天线。监测天线基带复信号可以表示为

$$s_{\text{surv}}(t)=c_1 d(t)+\sum_{n=2}^{M_{\text{c}}} c_n d(t-\tau_n)+\sum_{m=1}^{M_{\text{t}}} \alpha_m d(t-\tau_m)\mathrm{e}^{\mathrm{j}2\pi f_m^D t}+n_{\text{surv}}(t) \tag{3.1}$$

在式（3.1）中，$d(t)$表示直达波信号；c_1为直达波信号复幅度；$M_{\text{c}}-1$为固定地物杂波数目；c_n和τ_n分别表示第 n 个杂波分量的复幅度和时延；M_{t}为移动目标数目；α_m、τ_m以及f_m^D分别表示第m个移动目标反射回波的复幅度、时延和多普勒频率；$n_{\text{surv}}(t)$为监测通道噪声。

当监测天线采用阵列结构时，基带复信号为：

$$\boldsymbol{s}_{\mathrm{surv}}(t)=\boldsymbol{a}(\theta_1)c_1d(t)+\sum_{n=2}^{M_{\mathrm{c}}}\boldsymbol{a}(\theta_n)c_nd(t-\tau_n)+\sum_{m=1}^{M_{\mathrm{t}}}\boldsymbol{a}(\theta_m)\alpha_md(t-\tau_m)\mathrm{e}^{\mathrm{j}2\pi f_m^Dt}+\boldsymbol{n}_{\mathrm{surv}}(t) \tag{3.2}$$

在式（3.2）中，θ_1 为直达波到达角；θ_n 为固定地物杂波到达角；θ_m 为移动目标到达角；$\boldsymbol{a}(\theta)$ 表示天线阵列导向矢量；$\boldsymbol{n}_{\mathrm{surv}}(t)=\left[n_{\mathrm{surv},1}(t),\cdots,n_{\mathrm{surv},N_{ch}}(t)\right]^{\mathrm{T}}$ 为阵列噪声向量。

参考天线基带复信号表示为

$$s_{\mathrm{ref}}(t)=\hat{c}_1d(t)+\sum_{n=2}^{\hat{M}_{\mathrm{c}}}\hat{c}_nd(t-\hat{\tau}_n)+n_{\mathrm{ref}}(t) \tag{3.3}$$

在式（3.3）中，$\hat{c}_1$ 表示参考通道直达波信号复幅度；$\hat{c}_n$ 表示参考通道杂波信号复幅度；$\hat{M}_{\mathrm{c}}$ 和 $\hat{\tau}_n$ 分别为杂波信号数目与时延；$n_{\mathrm{ref}}(t)$ 为参考通道噪声。

参考信号重构后，参考通道中的杂波与干扰被抑制，理想的参考信号模型可以表示为

$$s_{\mathrm{ref}}(t)=\hat{c}_1d(t)+n_{\mathrm{ref}}(t) \tag{3.4}$$

3.2.2 正交极化信号模型

利用 2.2.2 节中的 Jones 矢量表征来描述 PRPD 信号模型，监测天线信号可以建模为

$$\begin{aligned}\mathbf{s}_{\mathrm{surv}}^J&=\begin{bmatrix}E_{dh}\\E_{dv}\end{bmatrix}c_1d(t)+\sum_{n=2}^{M_{\mathrm{c}}}\begin{bmatrix}E_{nh}\\E_{nv}\end{bmatrix}c_nd(t-\tau_n)+\sum_{m=1}^{M_{\mathrm{t}}}\begin{bmatrix}E_{mh}\\E_{mv}\end{bmatrix}\alpha_md(t-\tau_m)\mathrm{e}^{\mathrm{j}2\pi f_m^Dt}+\begin{bmatrix}n_{\mathrm{surv}}^h(t)\\n_{\mathrm{surv}}^v(t)\end{bmatrix}\\&=\begin{bmatrix}\cos\gamma_d\\\sin\gamma_d\mathrm{e}^{\mathrm{j}\varphi_d}\end{bmatrix}c_1d(t)+\sum_{n=2}^{M_{\mathrm{c}}}\begin{bmatrix}\cos\gamma_c^n\\\sin\gamma_c^n\mathrm{e}^{\mathrm{j}\varphi_c^n}\end{bmatrix}c_nd(t-\tau_n)+\sum_{m=1}^{M_{\mathrm{t}}}\begin{bmatrix}\cos\gamma_t^m\\\sin\gamma_t^m\mathrm{e}^{\mathrm{j}\varphi_t^m}\end{bmatrix}\alpha_md(t-\tau_m)\mathrm{e}^{\mathrm{j}2\pi f_m^Dt}+\begin{bmatrix}w_{\mathrm{surv}}^h(t)\\w_{\mathrm{surv}}^v(t)\end{bmatrix}\end{aligned} \tag{3.5}$$

在式（3.5）中，E_{dh}、E_{nh} 与 E_{mh} 分别表示监测天线的直达波信号、第 n 个杂波信号、第 m 个运动目标信号水平通道极化状态；E_{dv}、E_{nv} 与 E_{mv} 分别表示监测天线的直达波信号、第 n 个杂波信号、第 m 个目标信号垂直通道极化状态；$n_{\text{surv}}^{h}(t)$ 与 $n_{\text{surv}}^{v}(t)$ 表示水平与垂直通道噪声；γ_d 与 φ_d 分别表示直达波信号的极化角与极化相差；γ_c^n 与 φ_c^n 分别为第 n 个杂波信号的极化角和极化相差；γ_t^m 与 φ_t^m 分别为第 m 个运动目标信号的极化角与极化相差。

若监测天线为阵列结构，模型表达式为

$$\boldsymbol{s}_{\text{surv}}^{J}=\hat{\boldsymbol{a}}(\theta_1,\gamma_d,\varphi_d)c_1 d(t)+\sum_{n=2}^{M_c}\hat{\boldsymbol{a}}(\theta_n,\gamma_n,\varphi_n)c_n d(t-\tau_n)+$$
$$\sum_{m=1}^{M_t}\hat{\boldsymbol{a}}(\theta_m,\gamma_m,\varphi_m)\alpha_m d(t-\tau_m)\mathrm{e}^{\mathrm{j}2\pi f_m^D t}+\begin{bmatrix} n_{\text{surv}}^{h}(t)\\ n_{\text{surv}}^{v}(t)\end{bmatrix} \tag{3.6}$$

式（3.6）中，$\hat{\boldsymbol{a}}(\theta_1,\gamma_d,\varphi_d)$、$\hat{\boldsymbol{a}}(\theta_n,\gamma_n,\varphi_n)$ 和 $\hat{\boldsymbol{a}}(\theta_m,\gamma_m,\varphi_m)$ 分别表示直达波信号、第 n 个杂波信号与第 m 个移动目标信号的极化域-空域联合导向矢量，其具体表现形式可以参阅 2.2.2.2 节极化阵列信号表征。

3.3 外辐射源介绍

数字广播电视的不断普及为 PRPD 提供了优良的照射源。相比于模拟信号[155-156]，数字广播电视信号带宽基本不受传输信息内容影响，因此可以获得稳定的模糊函数。本节将以基于循环前缀正交频分复用（Cyclic Prefix-Orthogonal Frequency Division Multiplexing，CP-OFDM）形式的中国移动多媒体广播（China Mobile Multimedia Broadcasting，CMMB）信号为例，介绍其系统架构与信号结构特点。

3.3.1 系统架构

CMMB 是一种“天地一体化”的技术体系。该套体系在空间上利用卫星系统发射大功率 S 波段信号实现大范围覆盖，在陆地上利用地面基站系统发射 U 波段信号实现城市高楼密集区覆盖，利用无线移动通信网络构建回传通道实现交互，形成单向广播和双向互动相结合、中央和地方相结合、全程全

网、无缝覆盖的网络体系。CMMB 系统架构如图 3.2 所示。

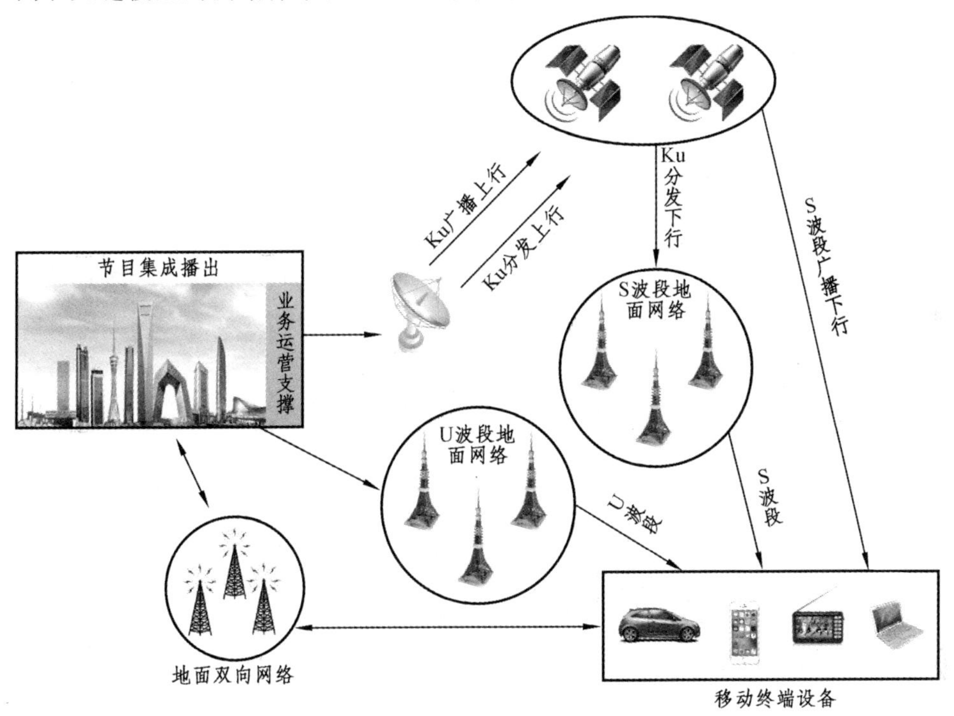

图 3.2 CMMB 系统架构

3.3.2 信号结构

3.3.2.1 CP-OFDM 信号

正交频分复用（Orthogonal Frequency Division Multiplexing，OFDM）技术是一种多载波调制技术，其基本原理就是把高速数据流通过串并转换，分配到传输速率相对较低的若干个子信道中进行传输。每一个子信道中的符号周期变长，因此可以减轻多径时延对系统造成的影响。OFDM 采用基于载波频率正交的傅里叶变换调制技术，直接在基带处理。

一个 OFDM 符号由包含多个经过调制的子载波合成，可以表示为

$$S_{\mathrm{OFDM}}(t)=\mathrm{Re}\left[\sum_{i=0}^{N-1} d_i rect\left(t-\frac{T}{2}\right)\mathrm{e}^{\mathrm{j}2\pi f_i t}\right] \quad 0\leqslant t\leqslant T \tag{3.7}$$

其中，N 表示子信道数目；T 表示 OFDM 符号持续时间；$d_i\,(i=0,1\cdots N-1)$ 表示分配给每个子信道的数据；f_i 表示第 i 个子载波频率；$\text{rect}(t)=1$，$-\dfrac{T}{2}\leqslant t\leqslant\dfrac{T}{2}$。

OFDM 符号的循环前缀是将一个 OFDM 符号尾部一部分复制并放置到符号前面实现的。由于多径效应的影响，系统中会出现 OFDM 符号的时延信号，因此，在进行快速傅里叶变换（Fast Fourier Transform，FFT）时，运算时间长度内第一个子载波与带有时延的第二个子载波之间的周期数之差不再是整数，这就导致当接收机对第一个子载波解调时，第二个子载波会对其造成干扰。因此，CP 具有消除符号间干扰（Inter Symbol Interference，ISI）和信道间干扰（Inter Channel Interference，ICI）作用。

3.3.2.2 CMMB 信号结构

在 CMMB 信号中，上层数据流经过 RS 编码、字节交织、LDPC 编码和比特交织完成信道编码过程；然后进行星座映射，将二进制比特流映射到频域复符号；接着映射后的复符号与连续导频及离散导频复接在一起，扰码后进行 OFDM 调制；最后对完成调制的时域信号插入循环前缀、帧头等组成物理层信号帧，由基带变换至射频信号，经天线进行发射。CMMB 信号物理层功能如图 3.3 所示。

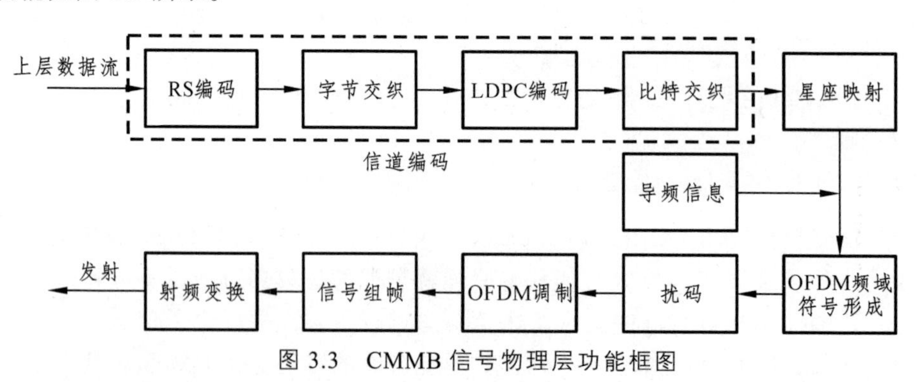

图 3.3 CMMB 信号物理层功能框图

1. 帧结构

CMMB 物理层信号 1 帧划分为 40 个时隙，持续时间为 1 s，因此每个时隙长度为 25 ms，每个时隙包含 1 个信标和 53 个 OFDM 符号。CMMB 信号帧结构如图 3.4 所示。

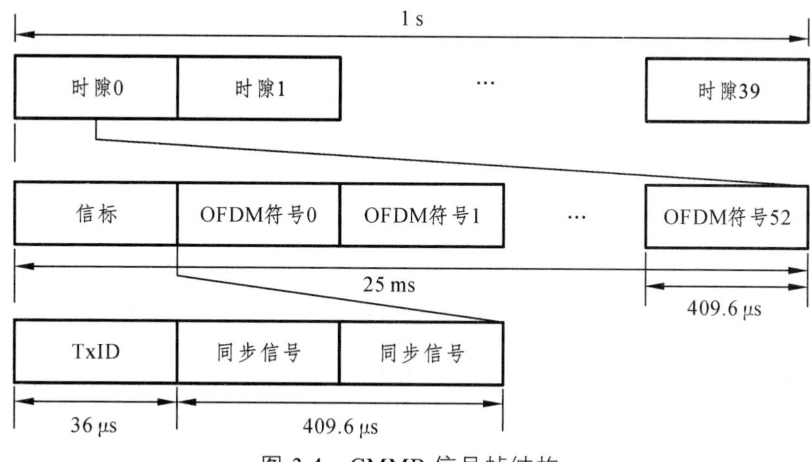

图 3.4 CMMB 信号帧结构

2. 信标

利用信标可以区分 CMMB 信号与其他不同 OFDM 信号。信标包括发射机标识信号（TxID）以及两个完全相同的同步信号。TxID 和同步信号均采用 OFDM 调制方式，只是子载波间隔和数据 OFDM 不一致。其中 TxID 用来标识 CMMB 单频网中不同的发射机，长度 $T_{ID} = 36\ \mu s$。与发射机标识信号一样，CMMB 同步信号也为伪随机信号，其长度记为 T_b，取值为 204.8 μs。

3. 符号模式

循环前缀和数据体是每个 OFDM 符号组成部分，如图 3.5 所示。其中，OFDM 数据体长度为 $T_U = 409.6\ \mu s$；循环前缀的长度记为 $T_{CP}=51.2\ \mu s$，因此，OFDM 符号总长度为 $T_S = T_U + T_{CP} = 460.8\ \mu s$。在 PRPD 信号处理过程中，循环前缀的存在会导致信号模糊函数产生循环副峰，影响检测效果，因此，循环前缀必须舍弃。

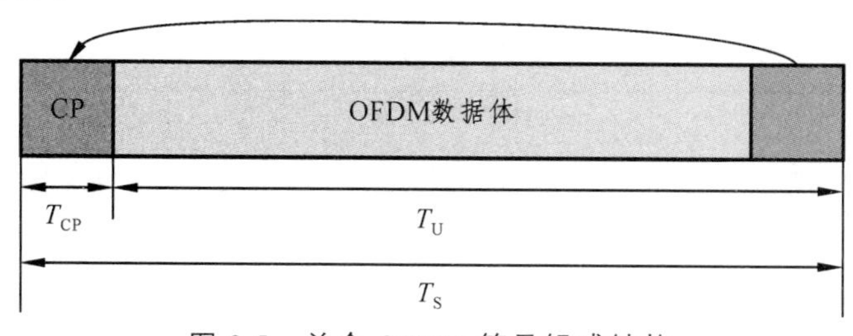

图 3.5 单个 OFDM 符号组成结构

4. 保护间隔

TxID、同步信号以及相邻 OFDM 符号之间，通过保护间隔（Guard Interval，GI）相互交叠，保护间隔的长度为 $T_{GI}=2.4\,\mu s$。相邻符号经过窗函数 $w(t)$ 加权后，前一个符号的尾部 GI 与后一个符号的头部 GI 相互叠加，叠加方式如图 3.6 所示。

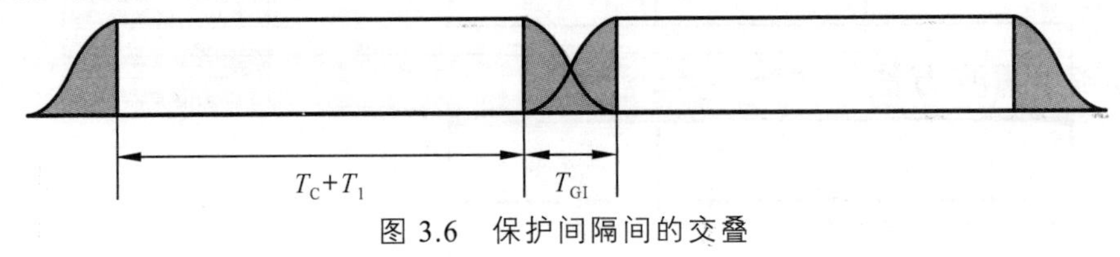

图 3.6 保护间隔间的交叠

图 3.7 所示为保护间隔的选取方式。保护间隔也是由数据体部分信号复制获得，在实际雷达信号处理过程中，保护间隔也会影响到检测结果，因此在后续信号处理中必须剔除。

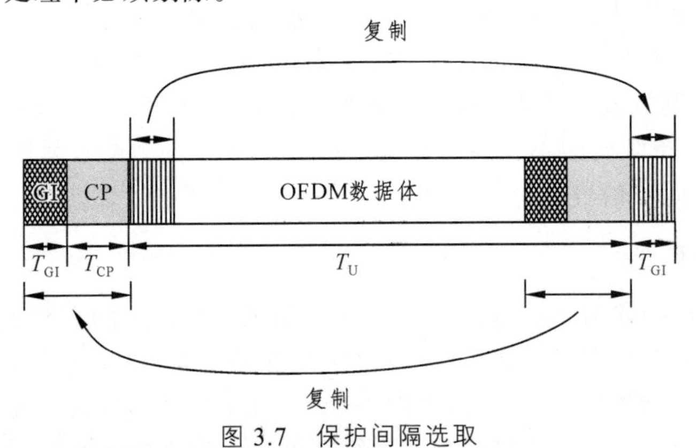

图 3.7 保护间隔选取

3.4 常规极化滤波方法

常规极化滤波方法大致可以分为两类：一类是干扰抑制极化滤波器，通过调整接收极化状态使其与入射干扰极化状态正交，最大限度减少干扰信号对雷达系统影响。这种极化滤波器无须估计目标极化状态，以干扰抑制为准则，适用于干扰信号较强的环境。另一类极化滤波器综合考虑天线波束内干扰和目标极化特性，以最大 SINR 为准则。

对于 PRPD 而言，直达波信号很强，其极化状态易于估计，而目标信号远弱于直达波。对于某些小型目标而言，其信号强度甚至低于噪声，被噪声基底所掩盖，目标信号极化特征难以提取。因此，针对 PRPD 直达波信号的特点，干扰抑制极化滤波器是比较理想的选择。

3.4.1　滤波方法

在笛卡儿坐标系中，Z 轴表示电磁波的传播方向，一对正交基定义为水平和垂直极化单位矢量。考虑通道间的相对相位，我们将目标信号和直达波信号描述如下：

$$\boldsymbol{E}_t(\boldsymbol{t})=\begin{bmatrix}E_{\mathrm{tH}}(t)\\E_{\mathrm{tV}}(t)\end{bmatrix}=\begin{bmatrix}\cos\gamma_{\mathrm{t}}\\\sin\gamma_{\mathrm{t}}\mathrm{e}^{\mathrm{j}\varphi_{\mathrm{t}}}\end{bmatrix}E_{\mathrm{t}} \tag{3.8}$$

$$\boldsymbol{E}_{\mathrm{d}}(\boldsymbol{t})=\begin{bmatrix}E_{\mathrm{dH}}(t)\\E_{\mathrm{dV}}(t)\end{bmatrix}=\begin{bmatrix}\cos\gamma_{\mathrm{d}}\\\sin\gamma_{\mathrm{d}}\mathrm{e}^{\mathrm{j}\phi_{\mathrm{d}}}\end{bmatrix}E_{\mathrm{d}} \tag{3.9}$$

其中，γ_{t} 和 γ_{d} 分别代表目标信号和直达波信号的极化角；φ_{t} 和 φ_{d} 分别代表目标信号和直达波信号在水平和垂直通道之间的相位差。

假设监测通道中只含有直达波干扰，考虑单个目标情形，接收信号的极化模型为

$$\boldsymbol{S}=\begin{bmatrix}\cos\gamma_{\mathrm{d}}\\\sin\gamma_{\mathrm{d}}\mathrm{e}^{\mathrm{j}\varphi_{\mathrm{d}}}\end{bmatrix}c_1d(t)+\begin{bmatrix}\cos\gamma_{\mathrm{t}}\\\sin\gamma_{\mathrm{t}}\mathrm{e}^{\mathrm{j}\varphi_{\mathrm{t}}}\end{bmatrix}\alpha_1d(t-\tau_{\mathrm{t}})\mathrm{e}^{\mathrm{j}2\pi f_1^{\mathrm{D}}t}+\begin{bmatrix}n_{\mathrm{h}}\\n_{\mathrm{v}}\end{bmatrix} \tag{3.10}$$

其中，$d(t)$ 表示发射信号；c_1 和 α_1 分别表示直达波信号和目标信号的幅度；τ_{t} 表示目标信号相对于直达波信号的延时；f_1^{D} 表示该目标的多普勒频率；n_{h} 和 n_{v} 分别表示监测通道中噪声的水平分量和垂直分量。

依据电磁波的极化理论，接收极化信号的极化相干矩阵可以用以下形式表示为

$$\boldsymbol{X}=E\left(\boldsymbol{S}\boldsymbol{S}^{\mathrm{H}}\right)=\begin{bmatrix}X_{\mathrm{hh}}&X_{\mathrm{hv}}\\X_{\mathrm{vh}}&X_{\mathrm{vv}}\end{bmatrix} \tag{3.11}$$

由于目标信号相对于直达波信号存在多普勒频偏，因此，目标与直达波

相关系数较低，相干矩阵每个元素可以表示为

$$\begin{aligned}
X_{\mathrm{hh}} &= \cos^2\gamma_{\mathrm{d}}P_{\mathrm{d}} + \cos^2\gamma_{\mathrm{t}}P_{\mathrm{t}} + \sigma_{\mathrm{h}}^2 \\
X_{\mathrm{vv}} &= \sin^2\gamma_{\mathrm{d}}P_{\mathrm{d}} + \sin^2\gamma_{\mathrm{t}}P_{\mathrm{t}} + \sigma_{\mathrm{v}}^2 \\
X_{\mathrm{hv}} &= \cos\gamma_{\mathrm{d}}\sin\gamma_{\mathrm{d}}\mathrm{e}^{-\mathrm{j}\varphi_{\mathrm{d}}}P_{\mathrm{d}} + \cos\gamma_{\mathrm{t}}\sin\gamma_{\mathrm{t}}\mathrm{e}^{-\mathrm{j}\varphi_{\mathrm{t}}}P_{\mathrm{t}} \\
X_{\mathrm{vv}} &= \cos\gamma_{\mathrm{d}}\sin\gamma_{\mathrm{d}}\mathrm{e}^{\mathrm{j}\varphi_{\mathrm{d}}}P_{\mathrm{d}} + \cos\gamma_{\mathrm{t}}\sin\gamma_{\mathrm{t}}\mathrm{e}^{\mathrm{j}\varphi_{\mathrm{t}}}P_{\mathrm{t}}
\end{aligned} \tag{3.12}$$

P_{d} 和 P_{t} 分别表示直达波信号和目标信号的功率；σ_{h}^2 和 σ_{v}^2 分别表示水平通道和垂直通道的噪声信号方差。

极化度定义为部分极化波中完全极化分量功率与总的平均功率的比值。极化度是描述雷达信号极化特性的重要参数，已被雷达极化技术研究人员广泛关注[155]。根据极化度与极化相干矩阵各元素间的关系[156]，直达波极化度可以表示为

$$P_{\mathrm{D}} = \frac{\sqrt{\left(X_{\mathrm{hh}} - X_{\mathrm{vv}}\right)^2 + 4\left|X_{\mathrm{hv}}\right|^2}}{X_{\mathrm{hh}} + X_{\mathrm{vv}}} \approx \frac{P_{\mathrm{d}}}{P_{\mathrm{d}} + 2\sigma^2} = \frac{DNR}{DNR + 2} \tag{3.13}$$

高功率的直达波信号与微弱目标散射回波信号之间的功率差能达到 70 dB，甚至超过 100 dB，因此，有 $P_{\mathrm{d}}^2 \gg P_{\mathrm{t}}^2$ 和 $P_{\mathrm{d}}^2 \gg P_{\mathrm{t}}P_{\mathrm{d}}$；DNR 表示直达波噪声比。从式（3.13）可以看出，直达波信号极化度与其极化状态无关，仅与直达波信号噪声比有关。

假设 λ_1 和 λ_2 分别代表相干矩阵 $\boldsymbol{X}$ 的两个特征值，且 $\lambda_1 \geqslant \lambda_2$，则

$$\begin{aligned}
\lambda_1 &= \frac{\left(X_{\mathrm{hh}} + X_{\mathrm{vv}} + \sqrt{\left(X_{\mathrm{hh}} - X_{\mathrm{vv}}\right)^2 + 4\left|X_{\mathrm{hv}}\right|^2}\right)}{2} \\
&= \frac{Tr(\boldsymbol{X})}{2}\left(1 + P_{\mathrm{D}}\right)
\end{aligned} \tag{3.14}$$

$$\begin{aligned}
\lambda_2 &= \frac{\left(X_{\mathrm{hh}} + X_{\mathrm{vv}} - \sqrt{\left(X_{\mathrm{hh}} - X_{\mathrm{vv}}\right)^2 + 4\left|X_{\mathrm{hv}}\right|^2}\right)}{2} \\
&= \frac{Tr(\boldsymbol{X})}{2}\left(1 - P_{\mathrm{D}}\right)
\end{aligned} \tag{3.15}$$

其中，$Tr(\boldsymbol{X}) = X_{\mathrm{hh}} + X_{\mathrm{vv}}$ 表示输入信号总功率；$Tr(\bullet)$ 表示矩阵的迹。

为了有效抑制直达波信号，需要使接收到的散射回波信号功率最小。最小接收功率可以表示为

$$P_{\mathrm{r}}^{\min}=\lambda_2=\frac{Tr(\boldsymbol{X})}{2}(1-P_{\mathrm{D}}) \tag{3.16}$$

将总的输入功率与接收机输出功率的比值定义为极化滤波器干扰抑制性能，其表达式为

$$\eta_{\mathrm{d}}=\frac{Tr(\boldsymbol{X})}{P_{\mathrm{r}}^{\min}}=\frac{2}{(1-P_{\mathrm{D}})} \tag{3.17}$$

将式（3.13）代入式（3.17），我们可以得到极化滤波器最终的抑制性能表达式：

$$\eta_{\mathrm{d}}=DNR+2 \tag{3.18}$$

从式（3.18）可以明显看出，当只存在直达波信号干扰时即满足单干扰条件时，极化滤波器性能只与 DNR 有关。因此，当 DNR 越大，或者说直达波信号极化度越高，极化滤波器性能越好。

3.4.2 干扰极化特性扰动

在 PRPD 实际工作过程中，不可避免会受到外部电磁环境影响，接收的电磁波信号表现为部分极化波特性。PRPD 工作场景示意图如图 1.2 所示。

在接收信号中，直达波信号和随机散射的多径杂波信号叠加在一起，构成了合成杂波信号。只考虑单目标情形，PRPD 信号模型表示为

$$\begin{aligned}\boldsymbol{S}=&\begin{bmatrix}\cos\gamma_{\mathrm{d}}\\ \sin\gamma_{\mathrm{d}}\mathrm{e}^{\mathrm{j}\varphi_{\mathrm{d}}}\end{bmatrix}c_1d(t)+\sum_{n=2}^{M_{\mathrm{C}}}\begin{bmatrix}\cos\gamma_{\mathrm{c}}\\ \sin\gamma_{\mathrm{c}}\mathrm{e}^{\mathrm{j}\varphi_{\mathrm{c}}}\end{bmatrix}c_nd(t-\tau_n)+\\ &\begin{bmatrix}\cos\gamma_{\mathrm{t}}\\ \sin\gamma_{\mathrm{t}}\mathrm{e}^{\mathrm{j}\varphi_{\mathrm{t}}}\end{bmatrix}\alpha d(t-\tau_{\mathrm{t}})\mathrm{e}^{\mathrm{j}2\pi f^{\mathrm{D}}t}+\begin{bmatrix}n_{\mathrm{h}}\\ n_{\mathrm{v}}\end{bmatrix}\end{aligned} \tag{3.19}$$

其中，γ_{c} 和 φ_{c} 分别表示多径杂波极化角与极化相差。

将方程（3.19）简化，可以得到：

$$\boldsymbol{S}=\begin{bmatrix}(1+\beta_{\mathrm{h}})\cos\gamma_{\mathrm{d}}\\ (1+\beta_{\mathrm{v}})\sin\gamma_{\mathrm{d}}\mathrm{e}^{\mathrm{j}\varphi_{\mathrm{d}}}\end{bmatrix}\varepsilon d(t)+\begin{bmatrix}\cos\gamma_{\mathrm{t}}\\ \sin\gamma_{\mathrm{t}}\mathrm{e}^{\mathrm{j}\varphi_{\mathrm{t}}}\end{bmatrix}\alpha d(t-\tau_{\mathrm{t}})\mathrm{e}^{\mathrm{j}2\pi f^{\mathrm{D}}t}+\begin{bmatrix}n_{\mathrm{h}}\\ n_{\mathrm{v}}\end{bmatrix} \tag{3.20}$$

其中，ε 表示合成杂波信号幅度；β_{h} 和 β_{v} 分别表示水平通道和垂直通道的幅

度调制因子，且两者均服从均值为 0、方差为 σ_{p}^2 的正态分布，即 $\beta_{\mathrm{h}} \sim N\left(0,\sigma_{\mathrm{p}}^2\right)$，$\beta_{\mathrm{v}} \sim N\left(0,\sigma_{\mathrm{p}}^2\right)$。

依据极化度的表达式，可以得到：

$$P_{\mathrm{D}} \approx \frac{DNR\sqrt{1+\sigma_{\mathrm{p}}^2\left(2+\sigma_{\mathrm{p}}^2\right)\cos^2 2\gamma_{\mathrm{d}}}}{\left(1+\sigma_{\mathrm{p}}^2\right)DNR+2} \tag{3.21}$$

从方程（3.21）可以看出，多径杂波会对直达波信号造成扰动效应。因此，直达波信号极化度不再仅与 DNR 有关，还与多径杂波信号调制因子 β_{h} 和 β_{v} 引起的扰动方差 σ_{p}^2 有关。根据方程（3.18），可以将极化滤波器抑制性能重新表达为

$$\eta_{\mathrm{d}} = \frac{2\left(1+\sigma_{\mathrm{p}}^2\right)DNR+4}{\left(\left(1+\sigma_{\mathrm{p}}^2\right)-\sqrt{1+\sigma_{\mathrm{p}}^2\left(2+\sigma_{\mathrm{p}}^2\right)\cos^2 2\gamma_{\mathrm{d}}}\right)DNR+2} \tag{3.22}$$

调制因子带来的扰动方差 σ_{p}^2 将会导致极化滤波器抑制性能下降。

从方程（3.22）可以很容易看出，若存在环境扰动，极化滤波器抑制性能（η_{d}）将会受到扰动因子方差（σ_{p}^2），直达波信号极化角（γ_{d}）及 DNR 影响。

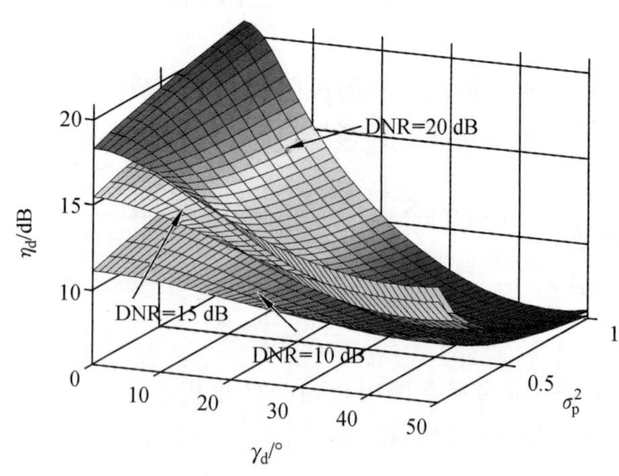

图 3.8 抑制性能与 σ_{p}^2、γ_{d} 及 DNR 关系

从图 3.8 中观察到，在相同 DNR 条件下，当极化角 γ_{d} 变大时，极化滤波器抑制性能将会降低；当扰动因子方差 σ_{p}^2 变小，极化滤波器抑制性能将会提升；

如果在不同 DNR 条件下，随着 DNR 的增加极化滤波器抑制性能将会提高。

3.5 基于子载波处理技术的极化滤波方法

以基于 CP-OFDM 的 CMMB 信号为例，通常认为循环前缀持续时间大于或等于通道延时扩展，以避免 ISI，并确保载波间的正交性。当这个假设得到满足时，本节将会尝试解决上一节中 PRPD 极化滤波所遇到的难题。

3.5.1 数据体截取

CMMB 信号采用 OFDM 调制方式，每个 OFDM 符号块由一个循环前缀和有用数据体组成，数据体持续时间为 409.6 μs。子载波通过对数据体部分进行离散傅里叶变换获得，因此要对数据体部分进行截取。在每个时隙的起始端有两个同步信号，同步信号的发射内容是已知的。因此，接收信号每个时隙的起始点可以由同步信号决定。依据 CP-OFDM 信号结构，窗函数可以有效截取数据体部分。循环前缀截断如图 3.9 所示，τ_c 表示杂波时延。

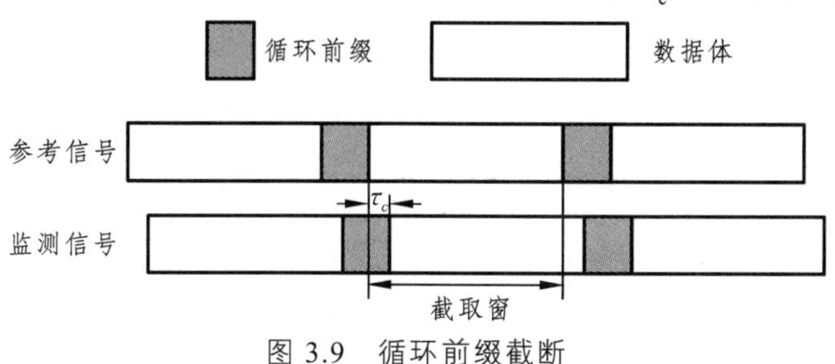

图 3.9　循环前缀截断

3.5.2 子载波处理

通过截断循环前缀，第 k 个子载波有用数据体可以表示为

$$S_k = c_1 Q_k^{\mathrm{T}} + \sum_{n=2}^{M_{\mathrm{c}}} c_n \mathrm{e}^{-\mathrm{j}2\pi f_k \tau_n^{\mathrm{c}}} Q_k^{\mathrm{T}} + \sum_{m=1}^{M_{\mathrm{t}}} \alpha_m \mathrm{e}^{-\mathrm{j}2\pi\left(f_k - f_m^{\mathrm{D}}\right)\tau_m^{\mathrm{t}}} U_{k,m}^{\mathrm{T}} + N_k \tag{3.23}$$

其中，$Q_k = \left[C_{0,k}, C_{1,k}, \cdots, C_{L-1,k}\right]^{\mathrm{T}}$，$L$ 是用作快拍的 OFDM 块数目；$C_{1,k}$ 代

表第 l 个 OFDM 块第 k 个子载波的归一化调制码，且

$$U_{k,l} \approx \left[C_{0,\mathrm{k}}, C_{1,\mathrm{k}} \mathrm{e}^{\mathrm{j}2\pi f_l^{\mathrm{D}} T_{\mathrm{s}}}, \cdots, C_{L-1,k} \mathrm{e}^{\mathrm{j}2\pi f_l^{\mathrm{D}} T_{\mathrm{s}}(L-1)} \right]^{\mathrm{T}} \tag{3.24}$$

T_{s} 表示一个 OFDM 块的持续时间。在同一个子载波中，直达波信号与多径杂波信号的采样值是互相关的。目标散射回波信号因为多普勒频移引入的相位旋转使其与直达波信号、多径杂波信号不相关。所有零多普勒杂波信号全部合成为一项，如方程（3.25）等式右边第一项所示：

$$S_k = \left[c_1 + \sum_{n=2}^{M_C} c_n \mathrm{e}^{-\mathrm{j}2\pi f_k \tau_n^c} \right] Q_k^{\mathrm{T}} + \sum_{m=1}^{M_{\mathrm{t}}} \alpha_m \mathrm{e}^{-\mathrm{j}2\pi\left(f_k - f_m^{\mathrm{D}}\right)\tau_m^t} U_{k,m}^{\mathrm{T}} + N_k \tag{3.25}$$

将 PRPD 信号模型转换为子载波形式为

$$\boldsymbol{S}_k = \begin{bmatrix} c_{1,\mathrm{h}} + \sum_{n=2}^{M_{\mathrm{c}}} c_{n,h} \mathrm{e}^{-\mathrm{j}2\pi f_k \tau_n^c} \\ c_{1,\mathrm{v}} + \sum_{n=2}^{M_{\mathrm{c}}} c_{n,v} \mathrm{e}^{-\mathrm{j}2\pi f_k \tau_n^c} \end{bmatrix} Q_k^{\mathrm{T}} + \begin{bmatrix} \sum_{m=1}^{M_{\mathrm{t}}} \alpha_{m,h} \mathrm{e}^{-\mathrm{j}2\pi\left(f_k - f_m^{\mathrm{D}}\right)\tau_m^t} \\ \sum_{m=1}^{M_{\mathrm{t}}} \alpha_{m,v} \mathrm{e}^{-\mathrm{j}2\pi\left(f_k - f_m^{\mathrm{D}}\right)\tau_m^t} \end{bmatrix} U_{k,m}^{\mathrm{T}} + \begin{bmatrix} N_{k,\mathrm{h}} \\ N_{k,\mathrm{v}} \end{bmatrix} \tag{3.26}$$

$\left[c_{1,\mathrm{h}} + \sum_{n=2}^{M_{\mathrm{c}}} c_{n,h} \mathrm{e}^{-\mathrm{j}2\pi f_k \tau_n^c} \right]$ 和 $\left[c_{1,\mathrm{v}} + \sum_{n=2}^{M_{\mathrm{c}}} c_{n,v} \mathrm{e}^{-\mathrm{j}2\pi f_k \tau_n^c} \right]$ 可以被分别看作水平通道和垂直通道的杂波合成权矢量。这就相当于常规极化滤波条件下，高 DNR 的单一干扰情形。这个特性预示着子载波处理方法能降低环境扰动对直达波信号极化度的影响。

考虑单一目标的情形，方程（3.26）可以被简写为：

$$\boldsymbol{S}_k = \boldsymbol{P}(\gamma_k^c, \varphi_k^c) \varepsilon_k Q_k^{\mathrm{T}} + \boldsymbol{P}(\gamma_k^t, \varphi_k^t) \alpha_k \mathrm{e}^{-\mathrm{j}2\pi\left(f_k - f^{\mathrm{D}}\right)\tau^t} U_k^{\mathrm{T}} + \begin{bmatrix} N_{k,\mathrm{h}} \\ N_{k,\mathrm{v}} \end{bmatrix} \tag{3.27}$$

其中，$\boldsymbol{P}(\gamma_k^{\mathrm{c}}, \varphi_k^{\mathrm{c}}) = \begin{bmatrix} \cos\gamma_k^{\mathrm{c}} \\ \sin\gamma_k^{\mathrm{c}} \mathrm{e}^{\mathrm{j}\varphi_k^{\mathrm{c}}} \end{bmatrix}$ 表示第 k 个子载波合成杂波信号极化状态矢量；γ_k^{c} 和 φ_k^{c} 分别表示第 k 个子载波合成杂波信号极化角和极化相差。

$\boldsymbol{P}(\gamma_k^{\mathrm{t}}, \varphi_k^{\mathrm{t}}) = \begin{bmatrix} \cos\gamma_k^{\mathrm{t}} \\ \sin\gamma_k^{\mathrm{t}} \mathrm{e}^{\mathrm{j}\varphi_k^{\mathrm{t}}} \end{bmatrix}$ 表示第 k 个子载波目标信号极化状态矢量；γ_k^{t} 和 φ_k^{t} 分别表示第 k 个子载波目标信号极化角和极化相差。

ε_k 和 α_k 分别表示第 k 个子载波合成杂波信号与目标信号的幅度。

3.5.3 滤波新方法

将方程（3.10）与方程（3.27）进行对比，我们可以发现这两个方程具有相似的表达形式。因此，经过子载波处理后极化滤波器抑制性能仅与每个子载波中合成杂波信号噪声比（Composite Clutter Signal to Noise Ratio，CSNR）有关。

第 k 个子载波接收信号极化相干矩阵可以表示为

$$\boldsymbol{X}_k = E\left(\boldsymbol{S}_k\boldsymbol{S}_k^{\mathrm{H}}\right) = \begin{bmatrix} X_k^{\mathrm{hh}} & X_k^{\mathrm{hv}} \\ X_k^{\mathrm{vh}} & X_k^{\mathrm{vv}} \end{bmatrix} \tag{3.28}$$

对相干矩阵 $\boldsymbol{X}_k$ 进行特征值分解，可以得到特征值 λ_1^k 和 λ_2^k。假设 $\lambda_1^k \gg \lambda_2^k$，$\boldsymbol{u}_1^k$ 为大特征值 λ_1^k 对应的特征矢量；$\boldsymbol{u}_2^k$ 为小特征值 λ_2^k 对应的特征矢量；在 PRPD 接收信号中，合成杂波信号能量一般远强于噪声信号与目标信号，而且目标信号能量通常弱于噪声信号，会被杂波与噪声所掩盖。因此，在相干矩阵 $\boldsymbol{X}_k$ 中，目标信号可以忽略。将特征空间划分为合成杂波信号子空间和噪声子空间，构造极化投影算子为

$$\boldsymbol{X}_k^{-1} = \frac{1}{\lambda_1^k}\boldsymbol{u}_1^k\boldsymbol{u}_1^{k\mathrm{H}} + \frac{1}{\lambda_2^k}\boldsymbol{u}_2^k\boldsymbol{u}_2^{k\mathrm{H}} \approx \frac{1}{\lambda_2^k}\boldsymbol{u}_2^k\boldsymbol{u}_2^{k\mathrm{H}} \tag{3.29}$$

$(\bullet)^{\mathrm{H}}$ 表示共轭转置。

定义归一化权值为

$$\mu = \frac{1}{\boldsymbol{P}^{\mathrm{H}}(\gamma_k^t,\varphi_k^t)\boldsymbol{X}^{-1}\boldsymbol{P}(\gamma_k^t,\varphi_k^t)} \tag{3.30}$$

信号的权矢量最终可以表示成为

$$w_k = \mu\boldsymbol{X}^{-1}\boldsymbol{P}(\gamma_k^t,\varphi_k^t) \tag{3.31}$$

经过极化滤波后的输出信号 $\boldsymbol{Y}_k$ 为：

$$\boldsymbol{Y}_k = w_k\boldsymbol{S}_k = \mu^*\boldsymbol{P}^{\mathrm{H}}(\gamma_k^t,\varphi_k^t)\boldsymbol{X}^{-1}\boldsymbol{S}_k \tag{3.32}$$

噪声子空间正交于合成杂波信号子空间，因此，在输出信号 $\boldsymbol{Y}_k$ 中，合成杂波信号被抑制。归一化权值 μ 有效补偿了极化投影算子对目标信号所造成的幅度损失与相位偏差。目标极化状态矢量 $\boldsymbol{P}(\gamma_k^t,\varphi_k^t)$ 可以通过二维的角度扫描实现。

PRPD 接收信号经过子载波处理后，多径杂波变成了合成杂波信号的一部分，不再对原信号造成影响。以 CP-OFDM 信号为例，基于子载波处理的

极化分集外辐射源雷达信号处理流程如图 3.10 所示。

图中 $S_{\mathrm{surv\_p}}(n)$ 表示监测通道极化分集信号；$S_{\mathrm{ref}}(n)$ 表示纯净的参考信号。

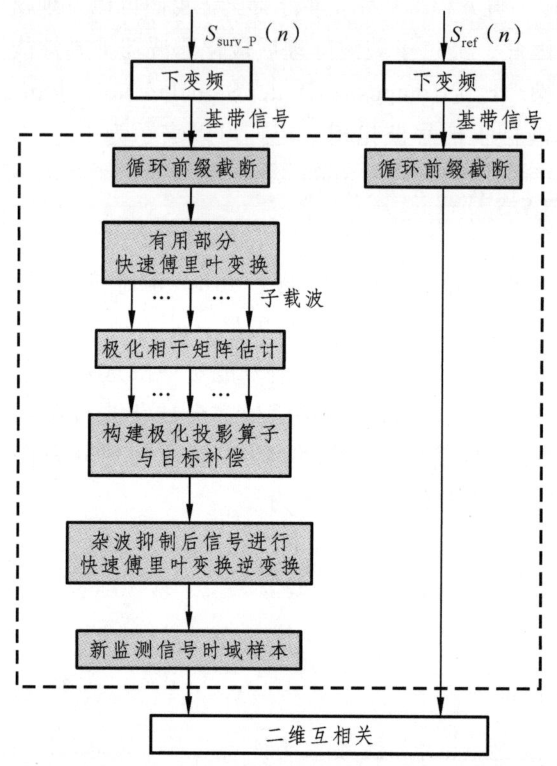

图 3.10 基于子载波处理技术的 PRPD 信号处理流程

3.6 仿真研究

3.6.1 CSNR 对抑制性能影响

新滤波方法的杂波抑制性能仅依赖于 CSNR，不再受扰动因子方差 σ_{p}^2 与合成杂波极化角 γ_k^c 影响。基于子载波处理技术的极化滤波器（Sub-carrier Polarization Filter，SCPF）抑制性能表达式与方程（3.18）具有类似结构，其表达式为

$$\eta_{\mathrm{d}} = CSNR + 2 \tag{3.33}$$

假设合成杂波信号极化角在相同的子载波中分别为 0°、30°以及 60°。从图 3.11 可以看出，极化滤波器抑制性能不再受合成杂波信号极化角的影响，仅与 CSNR 有关。

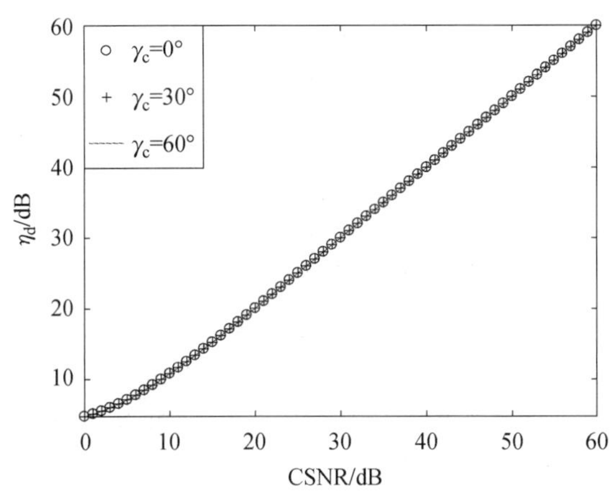

图 3.11　SCPF 抑制性能与 CSNR 关系

3.6.2　干扰抑制性能仿真

本节将会展示在多径杂波环境下，常规极化滤波器与 SCPF 极化抑制性能的距离多普勒（Range Doppler，RD）谱仿真结果。仿真参数的设置如表 3.1 所示，其中假设第三方照射源信号的发射极化方式为垂直极化，接收站监测天线采用水平、垂直正交极化天线。为了便于分析，将直达波信号、多径杂波信号及目标信号极化相差都设置为 0°。由式（3.20）可知，幅度调制会对直达波极化角带来影响，每帧估计一次极化角，真实值与估计值如图 3.12 所示。

表 3.1　仿真参数设置

	信噪比/dB	时延/μs	极化角/°	多普勒频率/Hz
直达波信号	60	0	70：0.5：89.5	0
多径杂波	50：－2：32	12：2：30	53：3：80	0
目标	－20	50	30	－200

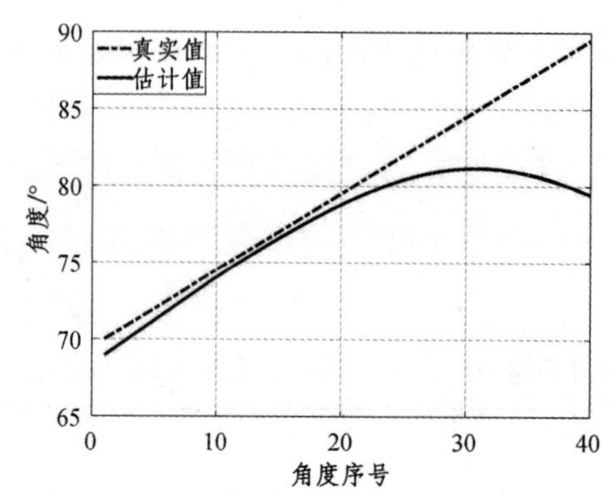

图 3.12　幅度调制对直达波极化角影响

在图 3.12 中，随着直达波极化角的加大，其水平分量逐渐减小，多径杂波水平分量逐渐强于直达波水平分量，导致估计值的非线性变化。考虑到非真空环境对直达波极化状态的影响，设置其极化角为 89.5°，常规极化滤波器与 SCPF 杂波抑制效果如图 3.13 所示。

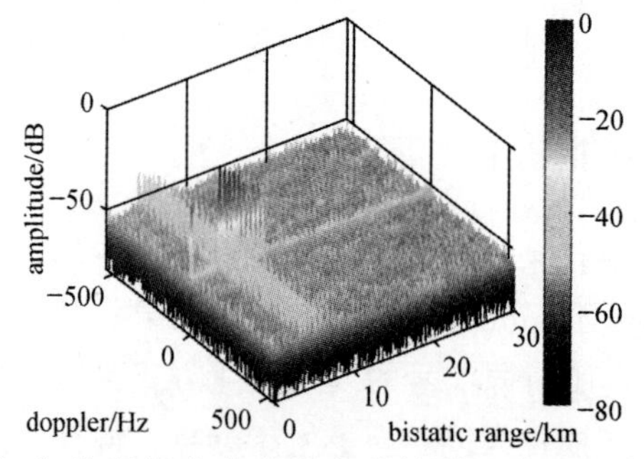

（a）常规极化滤波器杂波抑制后的 RD 谱

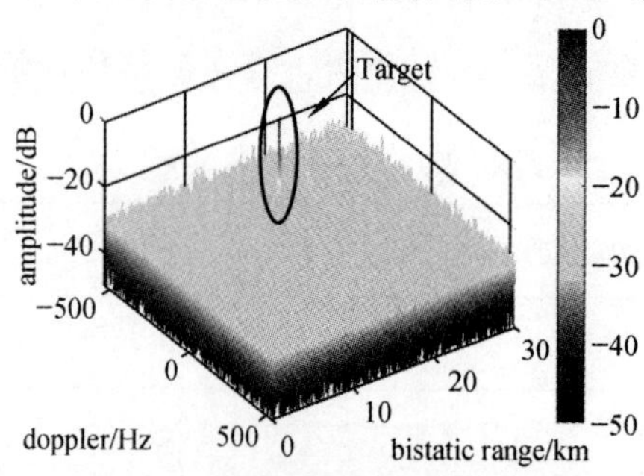

（b）SCPF 杂波抑制后 RD 谱

图 3.13　杂波抑制后的 RD 谱

多径杂波会对直达波信号幅度调制，造成直达波极化角估计出现偏差，从而会对直达波抑制造成影响，如图3.13（a）所示。SCPF利用直达波与多径杂波在子载波域的相关性，使合成杂波极化角估计精度提高，合成杂波抑制性能提升，如图3.13（b）所示。

3.7 本章小结

本章针对复杂电磁传播环境下，多径杂波给直达波带来的幅度调制效应，导致常规极化滤波方法杂波抑制效果欠佳的问题，提出了一种基于子载波处理技术的极化滤波新方法。本章的研究思路分为以下几个步骤：

（1）从信号模型入手，介绍了常规外辐射源雷达接收信号模型，基于该模型推导了PRPD接收信号模型。

（2）基于新方法子载波处理的特点，以基于CP-OFDM形式的CMMB信号为例，从系统架构及信号结构两个方面对其进行了介绍。

（3）面对单一强干扰时，常规干扰抑制极化滤波器能获得不错的抑制效果。当面临复杂多径传播环境带来的调制效应时，常规极化滤波器抑制性能大打折扣。3.4节从常规极化滤波器的滤波原理及干扰极化特性扰动两个方面进行了深入分析。

（4）针对3.4节所提常规极化滤波局限性，在3.5节中提出了一种基于子载波处理技术的极化滤波新方法。该方法利用同一个子载波中，直达波与多径杂波采样值互相关的特点，抑制合成杂波，补偿目标信号的幅度损失及相位偏差。相较于常规极化滤波方法，新方法不再受到多径杂波幅度调制的影响，能有效提升干扰抑制性能。

（5）3.6节的仿真研究从CSNR对抑制性能影响与干扰抑制性能两个方面展开。在设定的仿真参数条件下，常规极化滤波器抑制性能将会受到扰动因子方差、直达波极化角及DNR的影响；SCPF表现出了良好的滤波特性，与理论分析相符。

第4章

PRPD 分集合并技术研究

4.1 引言

无线通信中，由于多径效应与信道时变性，信号可能会产生严重的衰减。信号的衰减使接收机无法正确接收发射信号，严重时会导致信号中断。采用多极化系统接收信号，合理利用其他衰减程度较小信道中的信号可以改善这种情况，这称之为极化分集合并技术。在 PRPD 系统中，衰落体现为不同极化接收通道中目标散射回波的闪烁特性。目标的极化散射特性是一个多参数变量，与信号频率、入射角、反射角、目标结构、材料、飞行姿态等因素有关。PRPD 是一种利用第三方辐射源进行目标探测的双/多基地雷达系统[4]，文献[157]通过电磁仿真计算研究了飞机目标全极化单/双基地散射特性。文献[158，159]通过理论推导与实验研究，对目标同极化、正交极化散射强度进行了深入分析。这些研究表明合理利用目标极化散射信息将有可能提升目标检测性能。

本章从某一型号民航飞机极化散射特性入手，研究如何利用极化分集合并方法提高 PRPD 的检测效率问题，针对 P-NCI 检测方法易受到极化通道 SNR 不平衡导致检测效果不稳定的问题，提出一种基于极化分集加权合并的检测方法，具体研究内容框图如图 4.1 所示。在目标极化特性研究中，按照文献[157]的分析思路，首先利用三维电磁仿真软件 HFSS，建立某一型号民航飞机电磁计算仿真模型，并通过仿真计算获得目标全方位极化散射特性；然后依据统计方法分析了不同收发极化下，目标双基地 RCS 与 PAR 等分布特性；最后利用广播式自动相关监视（Automatic Dependent Surveillance Broadcast，ADS-B）系统，依据民航的真实飞行航线，导出其相对于发射站、接收站的方位角与俯仰角，并仿真得到不同飞行姿态下目标的 RCS。在极化分集合并方法研究中，首先介绍了分集合并前信号的预处理流程，分析了 PDWC 对目标散射 RCS 的影响；其次介绍了一种多极化 NCI 的检测器，分析了该检测方法的不足；然后针对该问题，提出了基于极化分集加权合并的检测（Detection based on Polarization Diversity Weight Combining，DPDWC）方法，建立了基于匹配滤波数据的 PDWC 信号模型；最后针对 DPDWC 方法在 PRPD 检测中的性能进行了分析。

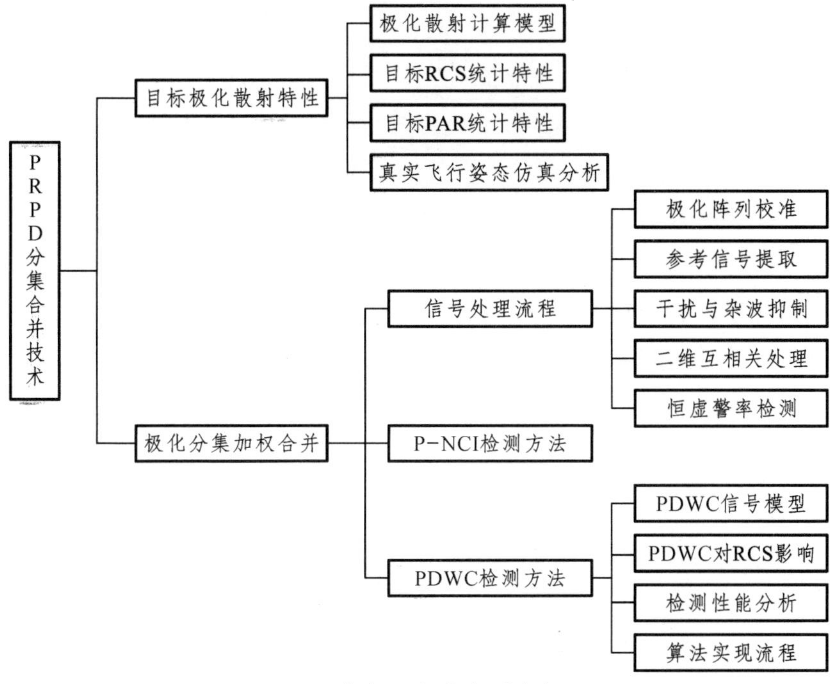

图 4.1　本章研究内容对应框图

4.2　目标极化散射特性

4.2.1　极化散射计算模型

波音 737 客机是中国航空公司的主力机型，也是进行外辐射源雷达民航探测实验时经常能看到的机型之一，因此本节将以该机型建立计算模型，利用电磁计算方法对该目标在数字电视广播频段的双基地极化散射特性进行研究。目标电磁计算坐标系如图 4.2 所示。

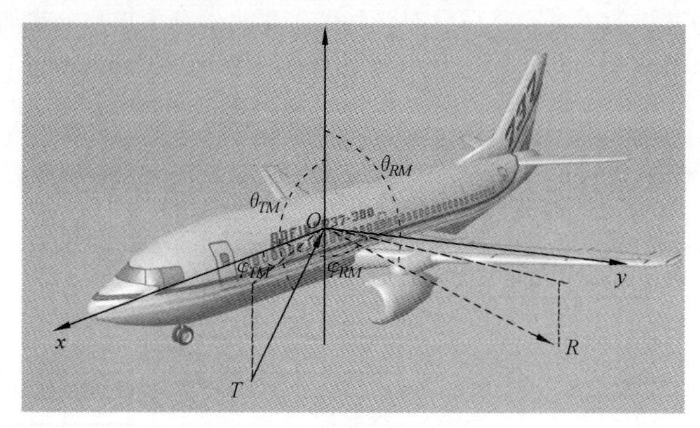

图 4.2 电磁计算坐标系

以目标质心为坐标系原点，机头方位为 x 轴正方向，左侧机翼方位为 y 轴正方向，机顶方位为 z 轴正方向。HFSS 软件仿真模型如图 4.3 所示。

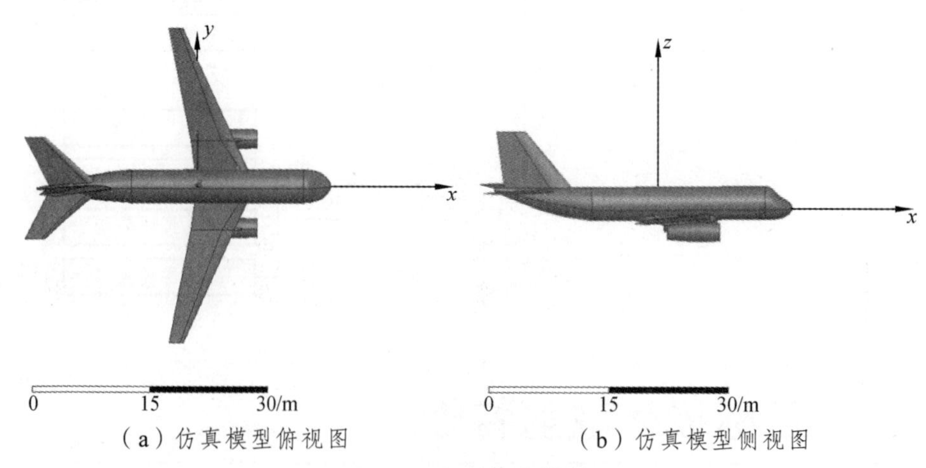

（a）仿真模型俯视图 （b）仿真模型侧视图

图 4.3 电磁仿真模型

入射电磁波沿顺时针方向与 z 轴夹角定义为入射俯仰角 θ_{TM}，取值为 0° ~ 180°；入射电磁波在 xoy 平面内的投影沿顺时针方向与 x 轴夹角定义为入射方位角 φ_{TM}，取值为 0° ~ 360°；散射电磁波沿逆时针方向与 z 轴夹角定义为

散射俯仰角 θ_{RM}，取值为 0°~180°；散射电磁波在 xoy 平面内的投影沿顺时针方向与 x 轴夹角定义为散射方位角 φ_{RM}，取值为 0°~360°。以 CP-OFDM 信号为例，计算中心频率选择为 714 MHz，计算软件选择 HFSS，采用方法为有限元算法，计算结果可以指导基于 CP-OFDM 信号的 PRPD 目标探测实验研究。雷达目标位于远场区，入射波与散射波各极化分量之间满足线性关系，可以用极化散射矩阵描述[157]。极化散射 RCS 可以用式（2.56）来表示。

考虑三种入射电磁波角度：入射电磁波从机腹垂直射入，入射俯仰角 180°，方位角 0°；入射电磁波从机头垂直射入，入射俯仰角 90°，方位角 0°；入射电磁波从机身左侧垂直射入，入射俯仰角 90°，方位角 90°。三种情况下，不同极化双基地 RCS 如图 4.4、图 4.5 及图 4.6 所示。

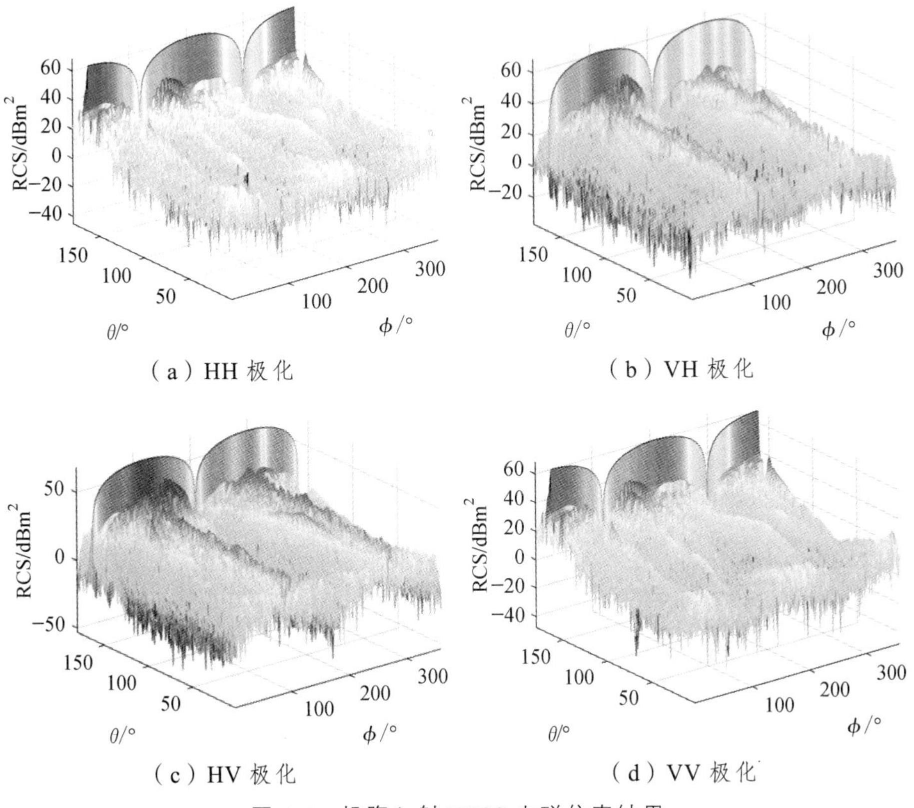

（a）HH 极化　（b）VH 极化

（c）HV 极化　（d）VV 极化

图 4.4　机腹入射 HFSS 电磁仿真结果

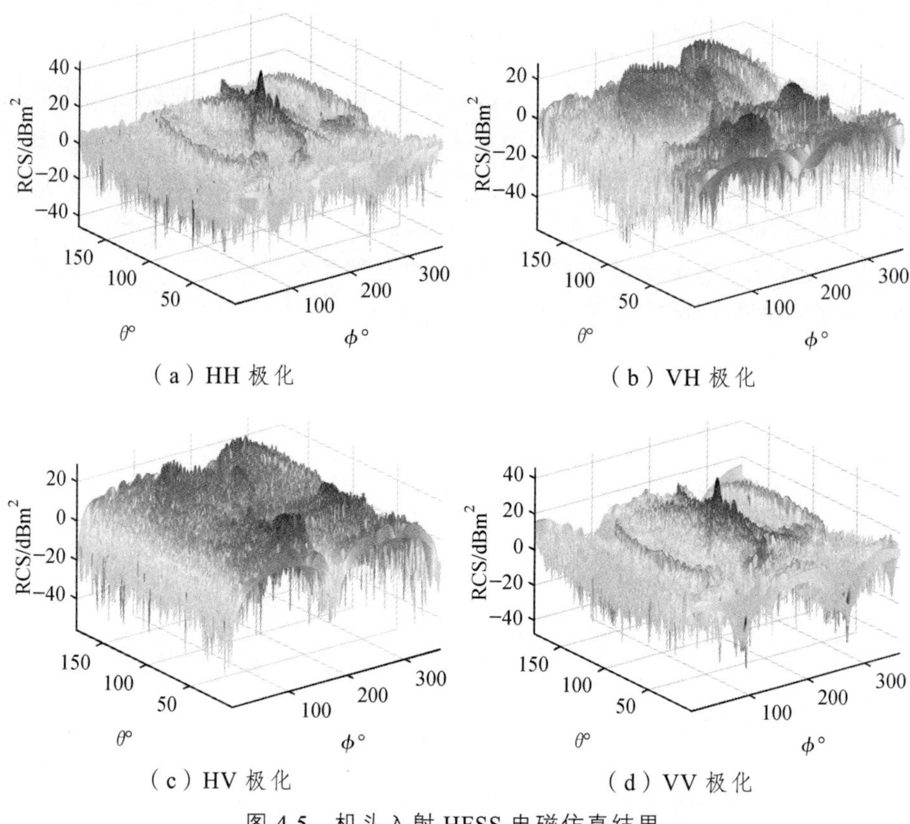

（a）HH 极化　（b）VH 极化

（c）HV 极化　（d）VV 极化

图 4.5　机头入射 HFSS 电磁仿真结果

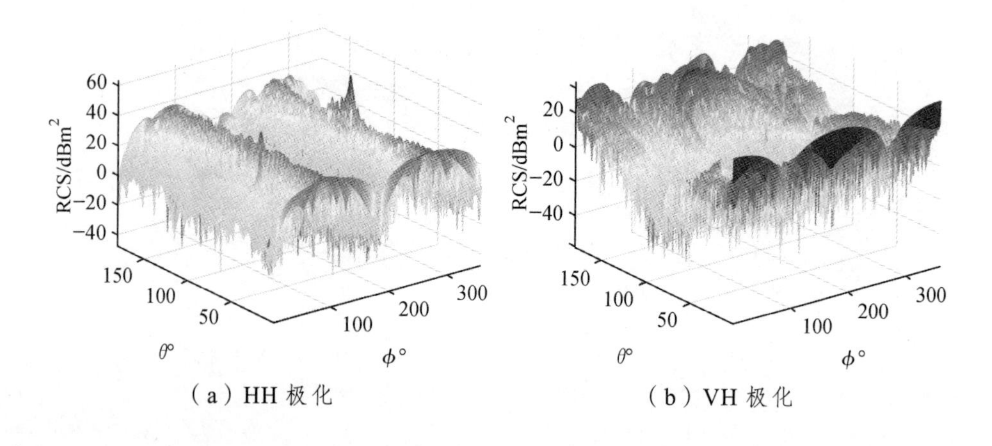

（a）HH 极化　（b）VH 极化

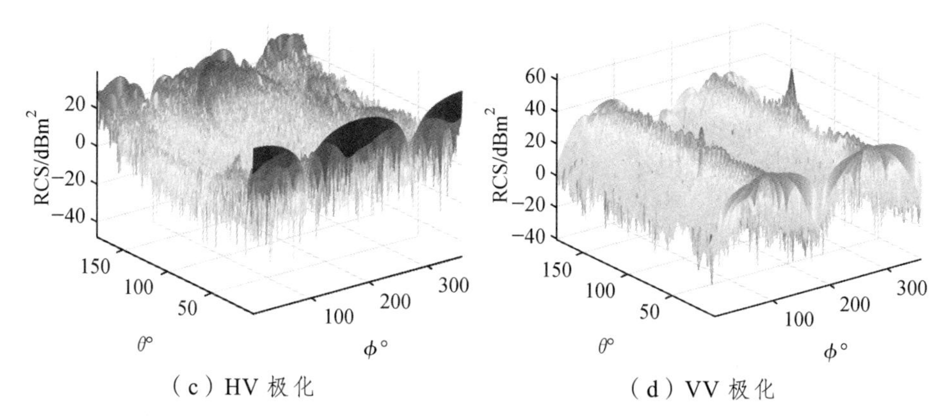

（c）HV 极化　　　（d）VV 极化

图 4.6　机侧入射 HFSS 电磁仿真结果

由图 4.4、图 4.5 及图 4.6 可以看出，无论入射电磁波是从机腹还是机头与机侧照射，随着散射电磁波的俯仰角与方位角的变化，目标双基地 RCS 变化较为剧烈。在机腹与机侧入射情况下，4 种极化收发方式下的 RCS 呈现对称分布，当散射波俯仰角接近 180°时（前向散射），同极化散射 RCS 达到最大值，而正交极化散射 RCS 值较小。在机头入射情况下，VH 极化相对于 HV 极化在 $\theta = 90°$ 附近会形成凹陷，这说明在该情况下，波音 737 客机对垂直极化入射波具有更好的正交极化散射 RCS。下面以机腹入射电磁计算数据为例，进行后续统计分析。

4.2.2　目标 RCS 统计特性分析

利用常用的统计参量，例如均值、标准差、极大值、极小值与极差等，可以更加直观描述目标 RCS 统计特性。当入射电磁波频率一定，统计不同双基地角范围内目标各参量特性，设每段统计数据长度为 M，则均值可以定义为该段内数据的平均值：

$$\bar{\delta} = \frac{1}{M}\sum_{m=1}^{M}\delta_m \tag{4.1}$$

每段的标准差可以表示为

$$\sigma = \sqrt{\frac{\sum_{m=1}^{M}\left(\delta_m - \bar{\delta}\right)^2}{M-1}} \tag{4.2}$$

每段数据的极大值为

$$\delta_{\max} = \max\{\delta_m\}, \quad m = 1, 2, \cdots, M \tag{4.3}$$

极小值为

$$\delta_{\min} = \min\{\delta_m\}, \quad m = 1, 2, \cdots, M \tag{4.4}$$

极差定义为极大值与极小值之差：

$$\delta_c = \delta_{\max} - \delta_{\min} \tag{4.5}$$

统计电磁仿真数据，归一化后得到双基地 RCS 近似概率密度直方图，如图 4.7 所示。

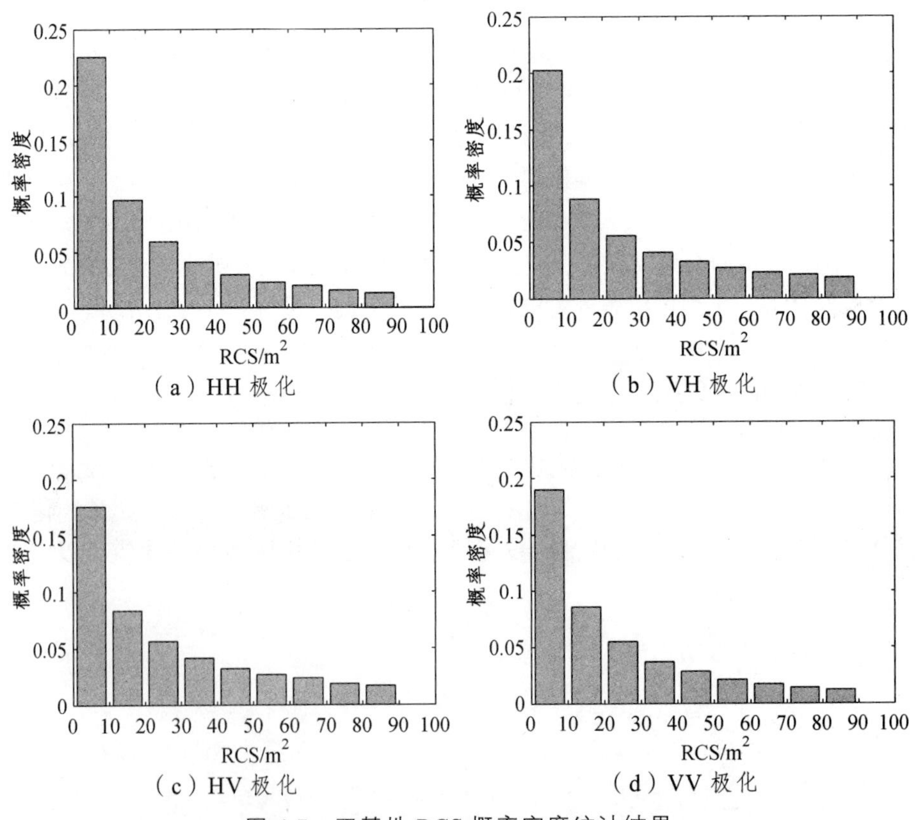

（a）HH 极化　（b）VH 极化　（c）HV 极化　（d）VV 极化

图 4.7　双基地 RCS 概率密度统计结果

从图 4.7 的统计结果可以看出，在两种极化收发方式下，双基地 RCS 在 0 ~ 100 m^2 统计概率密度趋势一致，其中双基地 RCS 处于 0 ~ 10 m^2 的概率最大。

依据图 4.2 所示坐标系，可以得到雷达双基地角表达式为

$$\cos\beta = \sin\theta_{\mathrm{TM}}\cos\varphi_{\mathrm{TM}}\sin\theta_{\mathrm{RM}}\cos\varphi_{\mathrm{RM}} + \sin\theta_{\mathrm{TM}}\sin\varphi_{\mathrm{TM}}\sin\theta_{\mathrm{RM}}\sin\varphi_{\mathrm{RM}} + \cos\theta_{\mathrm{TM}}\cos\theta_{\mathrm{RM}} \tag{4.6}$$

依据式（4.6），可以得到在某电磁波入射角 $(\varphi_{\mathrm{TM}},\theta_{\mathrm{TM}})$ 条件下，双基地角与电磁波散射角 $(\varphi_{\mathrm{RM}},\theta_{\mathrm{RM}})$ 关系。当电磁波从机腹垂直入射，即 $\theta_{\mathrm{TM}}=180°$，双基地角 $\beta=\arccos\left(-\cos\left(\theta_{\mathrm{RM}}\right)\right)$。如果以双基地角变化 1°统计 1 次，目标双基地 RCS 的均值、标准差、极大值与极小值统计结果如图 4.8 所示。

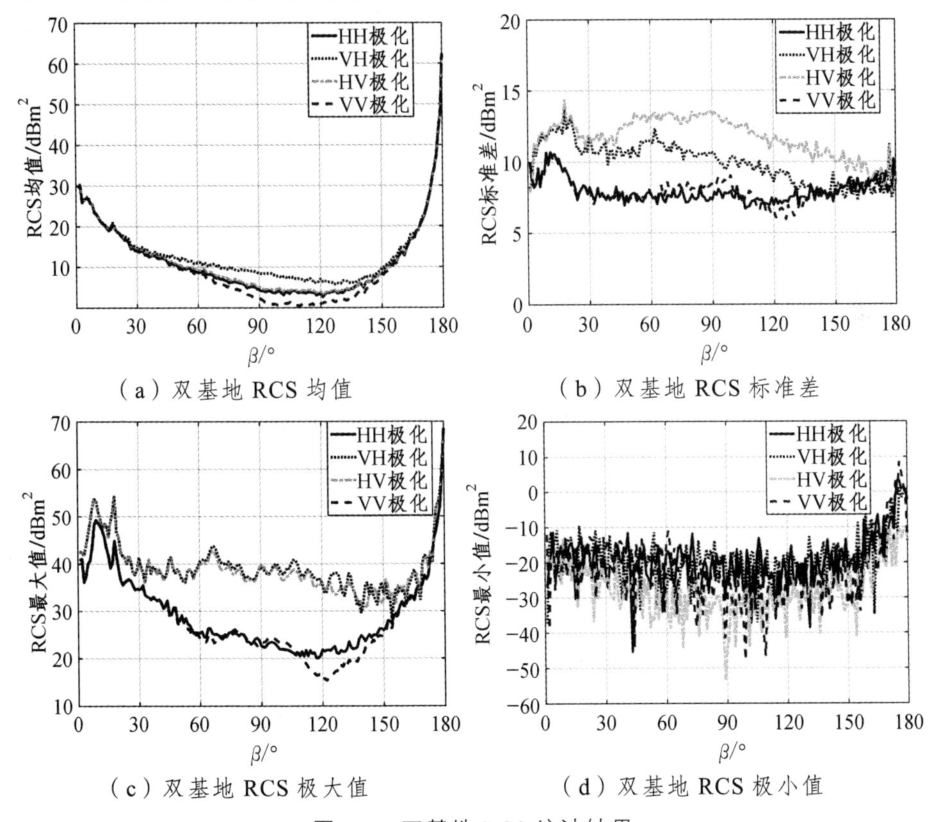

（a）双基地 RCS 均值

（b）双基地 RCS 标准差

（c）双基地 RCS 极大值

（d）双基地 RCS 极小值

图 4.8　双基地 RCS 统计结果

从统计结果中可以看出，在四种极化方式下，图 4.8（a）中双基地 RCS

均值变化趋势基本一致；当双基地角为 0°时（单基地模式），目标双基地 RCS 均值并非最大，最大值出现在双基地角为 180°时（前向散射）；当双基地角处于 50° ~ 150°区间时，不同极化方式双基地 RCS 均值大小为：$RCS_{\mathrm{m\_VH}} > RCS_{\mathrm{m\_HV}} > RCS_{\mathrm{m\_HH}} > RCS_{\mathrm{m\_VV}}$。图 4.8（b）中双基地 RCS 标准差相比于均值，整体起伏较小，且两种同极化方式变化趋势近似，两种正交极化方式变化趋势相仿。图 4.8（c）与图 4.8（d）中统计了双基地 RCS 极大值与极小值随双基地角的变化趋势：在统计的 RCS 极大值中，最大值出现在双基地角为 180°时，且两种同极化方式之间以及两种正交极化方式之间变化趋势较为一致，但同极化与正交极化方式之间变化较为明显；双基地角每变化 1°，RCS 极小值都存在较大起伏，双基地角大于 150°时，RCS 极小值随双基地角的增加而增大。总之，在这四种统计参量中，正交极化 RCS 均大于同极化 RCS。

4.2.3 目标 PAR 统计特性分析

极化幅度比（Polarization Amplitude Ratio，PAR）是一个十分重要的电磁波极化描述符[160]，如果发射为垂直极化，定义如下：

$$\rho_{\mathrm{HV}} = \frac{E_{\mathrm{H}}}{E_{\mathrm{V}}} = |\rho_{\mathrm{HV}}| \mathrm{e}^{\mathrm{j}\phi_{\mathrm{HV}}} \tag{4.7}$$

ρ_{HV} 为正交极化与同极化接收信号的比值。其中，E_{H} 和 E_{V} 分别代表接收天线水平通道与垂直通道的电场分量；ϕ_{HV} 表示两通道间的相位差。

在专利号为 4035797 的美国专利 Polarized radar system for providing target identification and discrimination 中，作者提出对于简单目标而言，同极化与正交极化信号幅度之比为常数，而对于复杂目标，随着探测距离的不同比值发生变化。定义 PAR 为

$$P_{\mathrm{HV}} = |p_{\mathrm{HV}}| \tag{4.8}$$

本节将利用电磁仿真获得的数据，对目标极化幅度比特性进行统计分析，统计直方图如图 4.9 所示。

从极化幅度比的统计结果可以看出，图 4.9（a）与（b）有相似的统计分布，而图 4.9（c）与（d）统计分布类似。从统计图中还可以看出，四种极化方式信号幅度比值都集中在 1 附近，计算极化幅度比小于等于 1 的值所占整个分布的比例，如表 4.1 所示。

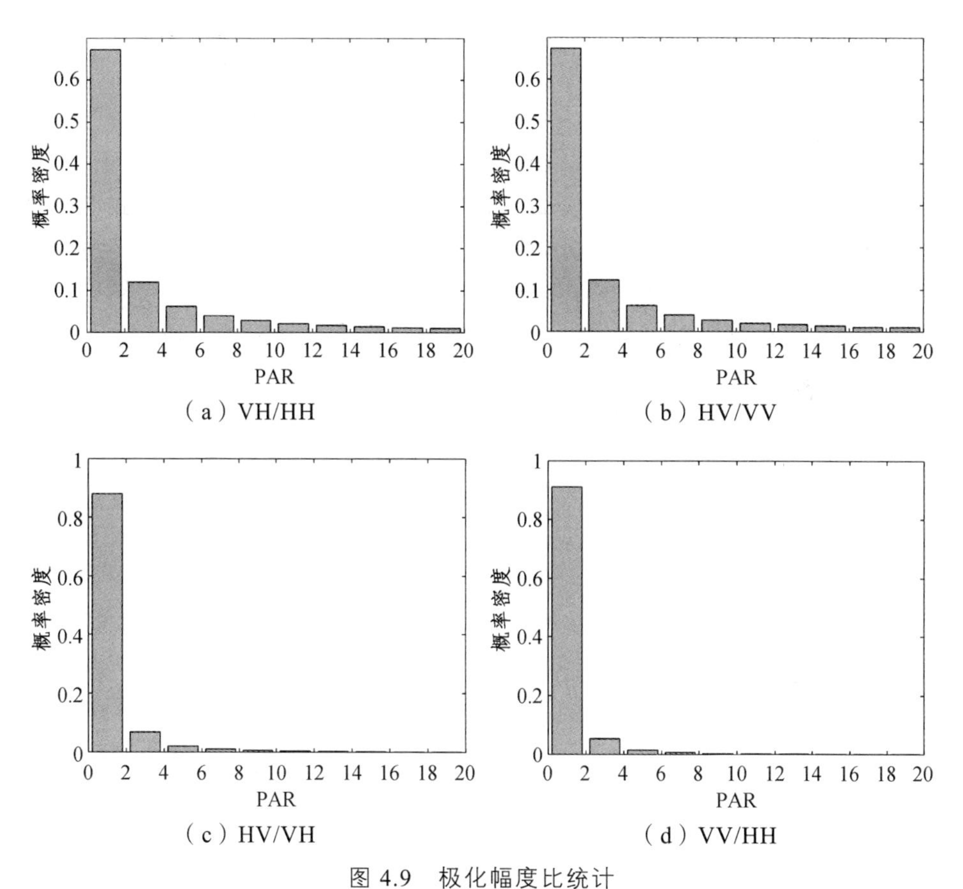

图 4.9　极化幅度比统计

表 4.1　PAR 小于等于 1 的比例

	$PAR_{VH/HH}$	$PAR_{HV/VV}$	$PAR_{HV/VH}$	$PAR_{VV/HH}$
双基地	0.453	0.454	0.596	0.591

从表 4.1 中可以看出，在双基地模式下，不同极化收发方式 PAR 小于等于 1 的比例处于 0.4 ~ 0.6 的区间；$PAR_{VH/HH}$ 与 $PAR_{HV/VV}$ 对应着两种单极化发射正交极化接收方式，也是 PRPD 最常见的信号收发方式，在这两种情况下，PAR 的值接近 0.5，说明在同一极化发射方式下，不同接收极化方式对雷达的探测性能影响差别不大。

4.2.4 基于目标真实位置信息的 RCS 与 PAR 分析

在 4.2.2 节中，对于目标极化散射特性的分析均是基于实验人员对入射电磁波俯仰角与方位角 $(\varphi_{\mathrm{TM}},\theta_{\mathrm{TM}})$ 及散射电磁波俯仰角与方位角 $(\varphi_{\mathrm{RM}},\theta_{\mathrm{RM}})$ 的设计来实现的。为了获得更加真实的仿真结果，利用 ADS-B 系统接收并记录民航客机发射的 ADS-B 信号，经解码后可以获得飞机的位置、速度、高度等信息，结合收、发站的位置信息，可以推算出飞机相对于发射站及接收站的方位角与俯仰角，可以视为目标的真实状态信息。

目标为持续运动状态，电磁波的入射角及接收站的观测角随时间变化，为得到真实运动目标的 RCS 变化仿真图，需对目标每个时刻的电磁散射特性进行分析。具体仿真操作流程为：利用 ADS-B 信息提取某时刻目标具体位置；计算得到电磁波的入射角及接收站的观测角；由每个时刻电磁波入射角仿真得到目标全方位散射特性；依据计算得到的观测角提取该时刻的 RCS 仿真值；遍历所有时刻，提取所有时刻 RCS 仿真值。

图 4.10 所示为目标 ADS-B 截图。图 4.11 所示为目标真实飞行航线下的不同极化散射 RCS。由图可知，该飞行状态下，如果发射极化方式为水平，目标散射 RCS 的正交极化分量小于同极化分量；如果发射极化方式为垂直，目标散射 RCS 的正交极化分量在某些时刻大于同极化分量。极化分集合并技

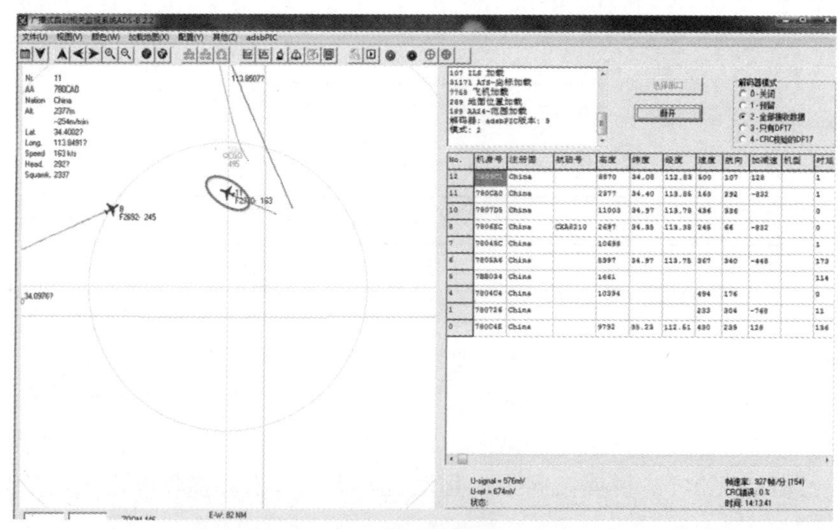

图 4.10　目标 ADS-B 截图

术能有效利用目标 RCS 同极化与正交极化分量的闪烁特性，提升目标检测效果。图 4.12 所示为目标在该航线下不同发射极化的 PAR。其中，PAR_H 表示发射极化方式为水平极化；PAR_V 表示发射极化方式为垂直极化。

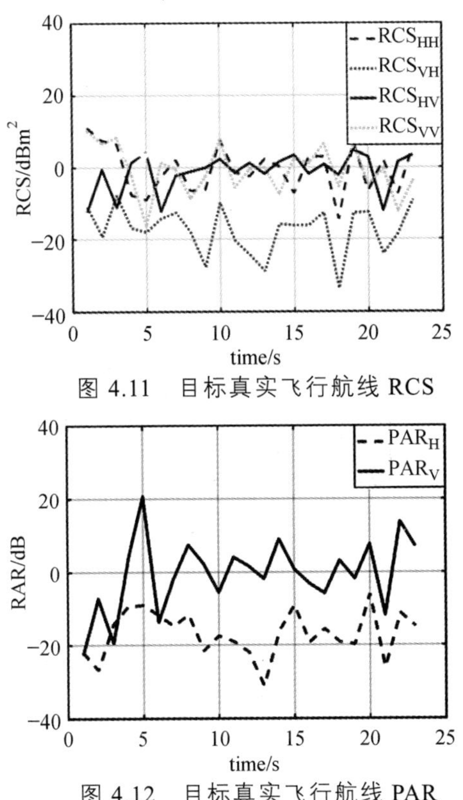

图 4.11 目标真实飞行航线 RCS

图 4.12 目标真实飞行航线 PAR

4.3 极化分集加权合并研究

4.3.1 信号处理流程

4.3.1.1 信号预处理

图 4.13 展示了本章研究方法信号处理流程，大虚线框图内表示 DPDWC 方法。用 DPDWC 方法进行数据处理前要经过参考信号提取、时域/空域滤波

及二维互相关处理过程。同时，为了保证极化阵列各通道的幅相一致性，在数据采集前必须先进行阵列校准。本章把阵列校准、参考信号提取、时域/空域滤波与二维互相关这四个步骤统称为信号预处理。

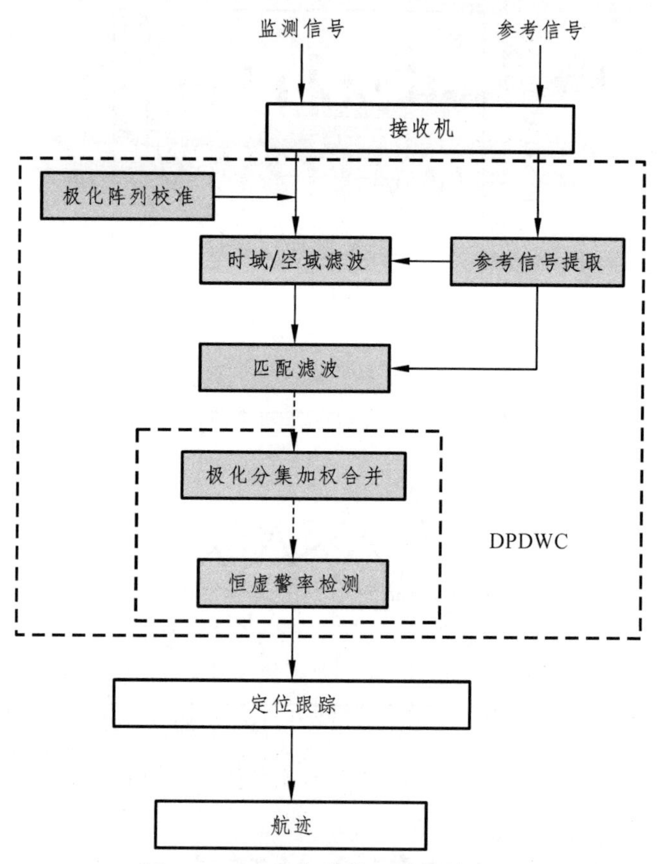

图 4.13 研究方法信号处理流程

1. 极化校准

性能优良的极化天线是获取极化分集信号的前提。极化天线的设计以及性能测试结果将会在第 5 章中详细阐述。本节将详细介绍极化阵列的校准方法及其对 DOA 估计与极化滤波性能的影响。极化天线结构如图 4.14 所示，其为水平、垂直正交极化天线，多副天线可以组成极化阵列。在研究过程中，一般极化阵列模型采用各接收通道信号增益与相位一致性假设[7]。实际条件下，极化阵列系统不可避免地受到各种阵列误差的影响，它们会降低阵列系统的理论性能，因此必须进行校准。

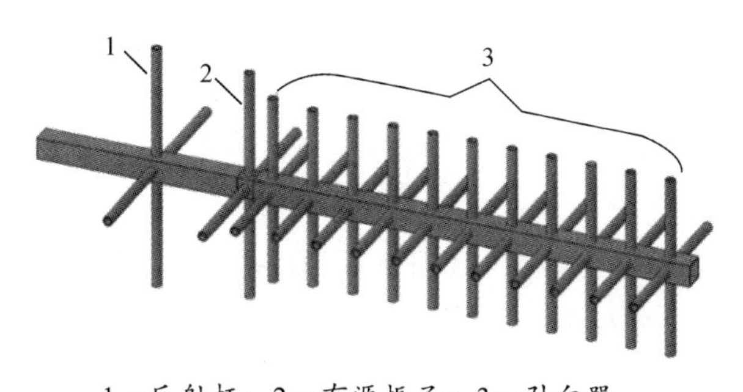

1—反射杆；2—有源振子；3—引向器。

图 4.14　极化天线结构

对于阵列天线的误差校准，已有多篇文献报道，但都是针对单极化天线，没有涉及天线物理结构[161-162]，不能用于极化阵列。极化阵列校准是干扰及目标极化散射特性正确获取的前提和基础，针对矢量传感器，文献[163-165]提出了各种误差条件下的校准与补偿方法；对于主动极化雷达而言，其校准侧重于后向极化散射矩阵误差的测量，以金属球、二面角等极化散射特性已知的定标体来标定实际极化雷达未知的系统误差参数，并利用相应的极化校准算法加以校正和补偿[166]。

已有报道对于矢量传感器阵列研究多集中于理论仿真，实测数据分析研究的文献较少。本节针对 PRPD 天线阵列校准问题，从单极化天线阵列有源校准方法入手，设计了流程相对简单、精度相对较高的校准方案，并基于实测数据分析了天线阵列幅相误差对极化域-空域联合谱估计及最大干扰抑制极化滤波器滤波性能的影响。

1）单极化天线阵列误差校准

单极化天线阵列可以是水平极化方式，也可以是垂直极化方式。本节将以垂直极化线性阵列为例，介绍其阵列模型。

对于单极化线性天线阵列而言，其信号模型可以表示如下：

$$\boldsymbol{S}=\boldsymbol{A}\cdot\boldsymbol{P}\cdot s\cdot\boldsymbol{M}_s \tag{4.9}$$

其中，A 表示各通道幅度增益矢量；P 表示各通道初始相位；

$$\boldsymbol{M}_{\mathrm{s}}=\left[1 \quad \mathrm{e}^{\mathrm{j}2\pi\frac{d}{\lambda}\sin\phi} \quad \cdots \quad \mathrm{e}^{\mathrm{j}2\pi(N-1)\frac{2d}{\lambda}\sin\phi}\right]^{\mathrm{T}} \tag{4.10}$$

表示阵列空域导向矢量矩阵，d 为阵列间距，λ 为极化波的波长，N 表示阵元个数。

如果阵列存在幅相误差，那么信号模型将会变为

$$\boldsymbol{S}'=a\cdot\boldsymbol{A}\cdot p\cdot\boldsymbol{P}\cdot s\cdot\boldsymbol{M}_{\mathrm{s}} \tag{4.11}$$

其中，a 表示阵列幅度误差；p 表示阵列相位误差。

2）极化阵列误差校准

对于 PRPD 来说，其误差主要来源于天线及系统本身幅度与相位的不一致性。

（1）极化阵列信号模型。

以实际系统三阵元极化线性阵列为例，其具有六个通道。假设极化阵列接收信号为完全极化电磁波，当阵列存在幅相误差时，其接收信号模型可以表示如下：

$$\boldsymbol{S}=A_p\cdot P_p\cdot s\cdot M_p\otimes M_s=\begin{bmatrix} a_{11}\cdot s\cdot\sin\gamma\cdot\mathrm{e}^{\mathrm{j}\Delta\varphi_{11}} \\ a_{12}\cdot s\cdot\cos\gamma\cdot\cos\phi\cdot\mathrm{e}^{\mathrm{j}\Delta\varphi_{12}}\cdot\mathrm{e}^{\mathrm{j}\Delta\eta} \\ a_{23}\cdot s\cdot\sin\gamma\cdot\mathrm{e}^{\mathrm{j}2\pi\frac{d}{\lambda}\sin\phi}\cdot\mathrm{e}^{\mathrm{j}\Delta\varphi_{23}} \\ a_{24}\cdot s\cdot\cos\gamma\cdot\cos\phi\cdot\mathrm{e}^{\mathrm{j}2\pi\frac{d}{\lambda}\sin\phi}\cdot\mathrm{e}^{\mathrm{j}\Delta\varphi_{24}}\cdot\mathrm{e}^{\mathrm{j}\Delta\eta} \\ a_{35}\cdot s\cdot\sin\gamma\cdot\mathrm{e}^{\mathrm{j}2\pi\frac{2d}{\lambda}\sin\phi}\cdot\mathrm{e}^{\mathrm{j}\Delta\varphi_{35}} \\ a_{36}\cdot s\cdot\cos\gamma\cdot\cos\phi\cdot\mathrm{e}^{\mathrm{j}2\pi\frac{2d}{\lambda}\sin\phi}\cdot\mathrm{e}^{\mathrm{j}\Delta\varphi_{36}}\cdot\mathrm{e}^{\mathrm{j}\Delta\eta} \end{bmatrix} \tag{4.12}$$

其中

$$\boldsymbol{A}_p=\left[a_{11} \quad a_{12} \quad a_{23} \quad a_{24} \quad a_{35} \quad a_{36}\right]^{\mathrm{T}} \tag{4.13}$$

表示六个通道幅度增益。

$$\boldsymbol{P}_p=\left[\mathrm{e}^{\mathrm{j}\Delta\varphi_{11}} \quad \mathrm{e}^{\mathrm{j}\Delta\varphi_{12}} \quad \mathrm{e}^{\mathrm{j}\Delta\varphi_{23}} \quad \mathrm{e}^{\mathrm{j}\Delta\varphi_{24}} \quad \mathrm{e}^{\mathrm{j}\Delta\varphi_{35}} \quad \mathrm{e}^{\mathrm{j}\Delta\varphi_{36}}\right]^{\mathrm{T}} \tag{4.14}$$

$\Delta\varphi_{hk}$ 表示初始相位，a_{hk} 与 $\Delta\varphi_{hk}$ 中 h 表示阵元数，k 表示通道数。

$$\boldsymbol{M}_p=[\sin\gamma \quad \cos\gamma\cdot\cos\phi\cdot\mathrm{e}^{\mathrm{j}\Delta\eta}]^{\mathrm{T}} \tag{4.15}$$

表示极化矢量，γ、ϕ与$\Delta\eta$分别表示发射极化波的极化角、方位角与极化相位差，本书中采取有源校准方法，发射极化相差值可以认为近似为零。

$$\boldsymbol{M}_s=\begin{bmatrix}1 & \mathrm{e}^{\mathrm{j}2\pi\frac{d}{\lambda}\sin\phi} & \mathrm{e}^{\mathrm{j}2\pi\frac{2\lambda}{d}\sin\phi}\end{bmatrix}^{\mathrm{T}} \tag{4.16}$$

表示阵列空域导向矢量矩阵，d为阵列间距，λ为极化波波长。

（2）极化阵列校准方案。

以单极化接收雷达有源校准方法[165]为依据，极化阵列校准方案步骤为：

① 将极化天线按照从左至右的顺序编号，以一号天线垂直通道为基准。

② 采用比值法得到其他通道与一号天线垂直通道相对幅相误差。

③ 扣除已知的空间相差M_s，阵列接收信号为

$$\boldsymbol{S}'=\begin{bmatrix}1\\ \dfrac{a_{12}}{a_{11}}\cdot\cot\gamma\cdot\cos\phi\cdot\mathrm{e}^{\mathrm{j}(\Delta\varphi_{12}-\Delta\varphi_{11})}\\ \dfrac{a_{23}}{a_{11}}\cdot\mathrm{e}^{\mathrm{j}(\Delta\varphi_{23}-\Delta\varphi_{11})}\\ \dfrac{a_{24}}{a_{11}}\cdot\cot\gamma\cdot\cos\phi\cdot\mathrm{e}^{\mathrm{j}(\Delta\varphi_{24}-\Delta\varphi_{11})}\\ \dfrac{a_{35}}{a_{11}}\cdot\mathrm{e}^{\mathrm{j}(\Delta\varphi_{35}-\Delta\varphi_{11})}\\ \dfrac{a_{36}}{a_{11}}\cdot\cot\gamma\cdot\cos\phi\cdot\mathrm{e}^{\mathrm{j}(\Delta\varphi_{36}-\Delta\varphi_{11})}\end{bmatrix} \tag{4.17}$$

在式（4.17）中，除了相对幅度误差和相位误差外，还存在$\cot\gamma\cdot\cos\phi$这一项，这是由于极化阵列本身具有接收极化特性及方位依赖特性，如果能消除这一项，则可以得到完整的阵列幅相误差矩阵。

④ 精确测量有源校准发射天线与阵列法线夹角ϕ及发射极化角度γ，就可以得到实际的误差矩阵。

⑤ 将原始数据扣除误差值就可以得到消除幅相误差后的数据。

（3）误差对联合谱估计影响。

极化天线幅相误差将会对空域-极化域联合谱估计带来影响[7]。考虑噪声，当接收信号中带有幅相误差时，其模型为

$$\boldsymbol{S}=\boldsymbol{A}\cdot p\cdot s\cdot \boldsymbol{M}_p\otimes \boldsymbol{M}_s+n(t) \tag{4.18}$$

其中，$\boldsymbol{A}$ 表示幅度误差矩阵；$\boldsymbol{M}_p$ 表示极化域扫描矢量，$\boldsymbol{M}_s$ 表示空域导向矢量，p 表示相位误差，$n(t)$ 表示噪声。

利用多重信号分类（Multiple Signal Characteristic，MUSIC）算法对 PRPD 阵列进行了极化域-空域联合谱估计分析。定义极化域-空域 MUSIC 联合谱为

$$P_{\mathrm{MUSIC}}(\theta,\gamma)=\frac{1}{M^{\mathrm{H}}(\theta,\gamma)U_nU_n^{\mathrm{H}}M(\theta,\gamma)} \tag{4.19}$$

当存在幅相误差时，极化域-空域 MUSIC 联合谱为

$$P_{\mathrm{MUSIC}}(\theta+\Delta\theta,\gamma+\Delta\gamma)=\frac{1}{M^{\mathrm{H}}(\theta+\Delta\theta,\gamma+\Delta\gamma)U_nU_n^{\mathrm{H}}M(\theta+\Delta\theta,\gamma+\Delta\gamma)} \tag{4.20}$$

其中，U_n 表示噪声子空间。

存在误差时联合导向矢量为

$$\begin{aligned}M=W\cdot M_p\otimes M_s&=\left[a_{11}\cdot \mathrm{e}^{\mathrm{j}\Delta\varphi_{11}}\quad a_{12}\cdot \mathrm{e}^{\mathrm{j}\Delta\varphi_{12}}\quad \cdots\quad a_{hk}\cdot \mathrm{e}^{\mathrm{j}\Delta\varphi_{hk}}\right]^{\mathrm{T}}\\&\quad[\sin\gamma\quad \cos\gamma\cdot\cos\phi]^{\mathrm{T}}\otimes\left[1\quad \mathrm{e}^{\mathrm{j}2\pi\frac{d}{\lambda}\sin\phi}\quad \cdots\quad \mathrm{e}^{\mathrm{j}2\pi\frac{nd}{\lambda}\sin\phi}\right]^{\mathrm{T}}\end{aligned} \tag{4.21}$$

而误差对于方位角与极化角估计值带来的影响，以极化天线水平通道为例：

$$\varphi_{hk}'=2\pi\frac{nd}{\lambda}\sin\phi+\Delta\varphi_{hk} \tag{4.22}$$

$$A_{hk}'=a_{hk}\cdot\cos\gamma\cdot\cos\phi \tag{4.23}$$

那么，估计方位角为

$$\phi'=\arcsin\left(\sin\phi+\frac{\lambda\cdot\Delta\varphi_{hk}}{2\pi\cdot n\cdot d}\right) \tag{4.24}$$

极化角估计值为

$$\gamma'=\arccos(a_{hk}\cdot\cos\gamma)=\arccos\left(\frac{A_{hk}'}{\cos\phi'}\right) \tag{4.25}$$

相位偏差会影响到方位角估计值，幅度偏差与方位角估计精度又会影响到极化角估计值。

以实验系统三阵元双极化天线为参照，设立仿真条件（见表 4.2）：

表 4.2　仿真条件设置

阵元数	间距	方位角	极化角	信噪比
N=3	d=λ/2	70°	40°	20 dB

设定幅度误差表示为

$$\begin{aligned} a_{12}-a_{11}=a_{23}-a_{12}=a_{24}-a_{23}=a_{35}-a_{24}=a_{36}-a_{35} \\ =0.1l \qquad (l=1,2,3,\cdots) \end{aligned} \tag{4.26}$$

定义相位误差表示为

$$\begin{aligned} \Delta\varphi_{12}-\Delta\varphi_{11}=\Delta\varphi_{23}-\Delta\varphi_{11}=\Delta\varphi_{24}-\Delta\varphi_{11}=\Delta\varphi_{35}-\Delta\varphi_{11} \\ =\Delta\varphi_{36}-\Delta\varphi_{11}=5°l \qquad (l=1,2,3,\cdots) \end{aligned} \tag{4.27}$$

仿真结果如图 4.15 所示。

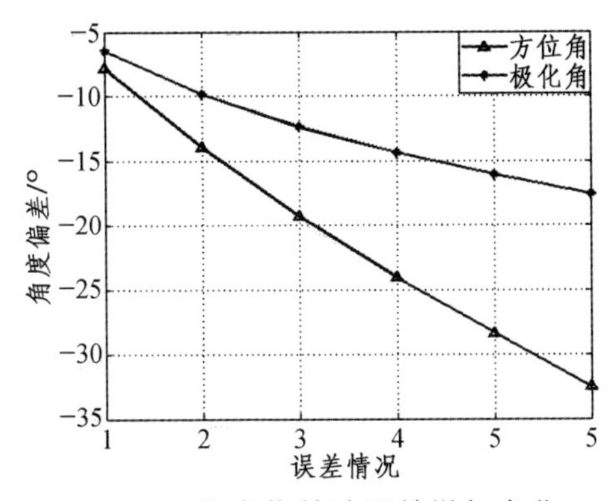

图 4.15　角度偏差随误差增加变化

图 4.15 中横坐标为式（4.26）、（4.27）中 l 的取值。从图中可以看出，随着幅相误差的加大，方位角与极化角的角度偏差变大，其中误差对方位角的影响大于对极化角的影响。

（4）误差对极化滤波器影响。

PRPD 探测系统如果布置于城市区域，其实验环境与文献[167]中存在环境扰动条件下的情况类似，因此利用该条件下模型进行误差分析，存在环境扰动情况下的极化滤波器性能的解析表达式为

$$\eta=\frac{2\cdot(1+\sigma_{\varepsilon}^{2})\cdot SNR+4}{\left((1+\sigma_{\varepsilon}^{2})-\sqrt{1+\sigma_{\varepsilon}^{2}\cdot(2+\sigma_{\varepsilon}^{2})\cdot\cos^{2}2\gamma}\right)\cdot SNR+2} \tag{4.28}$$

其中，σ_{ε}为扰动分量方差，γ为目标回波极化角的真实值。当雷达系统存在幅相误差时，极化角会随着幅相误差的增大而偏离实际极化状态。因此，存在误差时，极化滤波器性能表达式为

$$\eta=\frac{2\cdot(1+\sigma_{\varepsilon}^{2})\cdot SNR+4}{\left((1+\sigma_{\varepsilon}^{2})-\sqrt{1+\sigma_{\varepsilon}^{2}\cdot(2+\sigma_{\varepsilon}^{2})\cdot\cos^{2}2(\gamma+\Delta\gamma)}\right)\cdot SNR+2} \tag{4.29}$$

$\Delta\gamma$为因幅相误差导致的极化角偏差，定义为$\Delta\gamma=\gamma'-\gamma$，其中$\gamma'$为极化角估计值。

设置的仿真条件如表 4.3 所示，仿真结果如图 4.16 所示。

表 4.3 仿真条件设置

阵元数	扰动方差	极化角	极化角偏差	信噪比
N=3	σ_{ε}=0.5	20°/70°	+1～+20° −1～−20°	10 dB

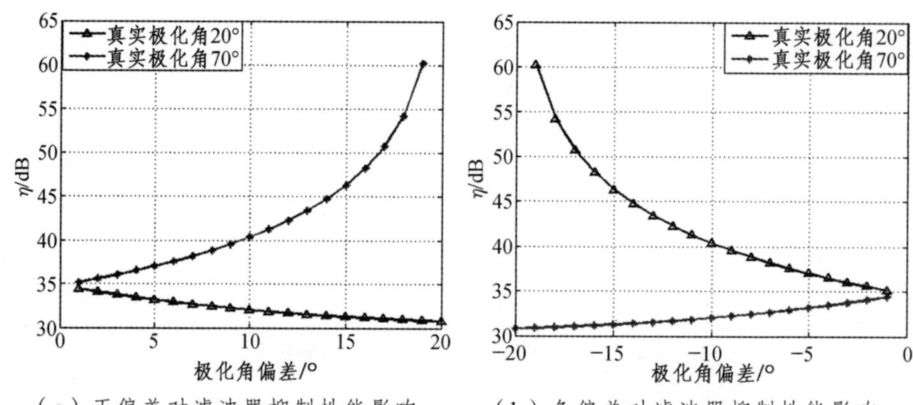

（a）正偏差对滤波器抑制性能影响　（b）负偏差对滤波器抑制性能影响

图 4.16 极化角偏差对滤波器抑制性能影响

最大干扰抑制滤波器性能与极化角γ有关，极化角估计值精确度关系到滤波器抑制能力的高低。文献[167]指出干扰抑制性能关于极化幅度比为 1：1 对称，并且幅度比越接近，干扰抑制性能越差。对于本文而言将会呈现出一个特别的现象，如果干扰极化角γ=45°，那么无论极化角偏差为正值或者为负值，滤波器抑制性能都将会得到提升。

存在幅相误差条件下，当真实极化角 $\gamma \leqslant 45°$ 且估计极化角 $\gamma' \leqslant 45°$ 时，估计值与真实值正偏差越大，滤波器抑制效果越差，负偏差越大，滤波器抑制效果越好；当真实极化角 $\gamma \geqslant 45°$ 且估计极化角 $\gamma' \geqslant 45°$ 时，估计值与真实值正偏差越大，滤波器抑制效果越好，估计值与真实值负偏差越大，滤波器抑制效果越差。

2. 参考信号提取

参照单极化接收外辐射源雷达参考信号提取方法，PRPD 参考信号获取方式大致可以分为两类：一类是参考信号的直接获取。该类方法利用发射站方位已知而且直达波信号强于多径杂波特点，其中一种最简单的方法是直接将参考天线的波束主瓣对准外部辐射源发射站，以此获得直达波杂波噪声比（Direct-path Clutter to Noise Ratio，DCNR）较高的参考信号[168-169]。这种方法虽然简单便捷，但是对天线主瓣波束方向性及增益要求较高，这给天线设计带来了难度。或者采用天线阵列波束形成的方法，使合成波束指向发射站方位，当合成波束指向性较好时，可以获得不错的效果。该类参考信号提取方法示意图如图 4.17（a）和（b）所示。或者可以利用极化分集原理，通过极化分离、时域抑制方法获得参考信号[170]。

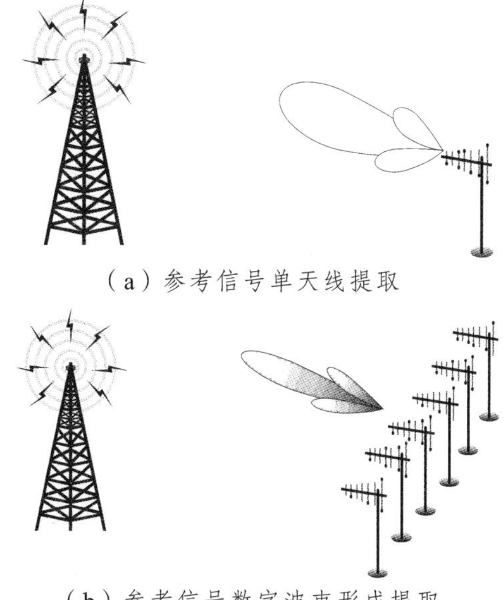

（a）参考信号单天线提取

（b）参考信号数字波束形成提取

图 4.17　参考信号直接提取方式

另一类参考信号获取方法是基于“解调-再调制”的信号提纯思想，重构获得更为纯净的参考信号。重构方法[171-180]的基本原理是首先利用通信中采用的解调、解码和纠错技术获得纯净的码流，然后再重复发射端所进行的编码和调制过程重现发射信号，并将其作为雷达系统的参考信号。重构方法本质上只要求需重构的信号在接收信号中的 SNR 达到一定要求即可。基于 CP-OFDM 形式的信号重构流程如图 4.18 所示。重构的详细步骤不再赘述，可以参阅文献[181]。

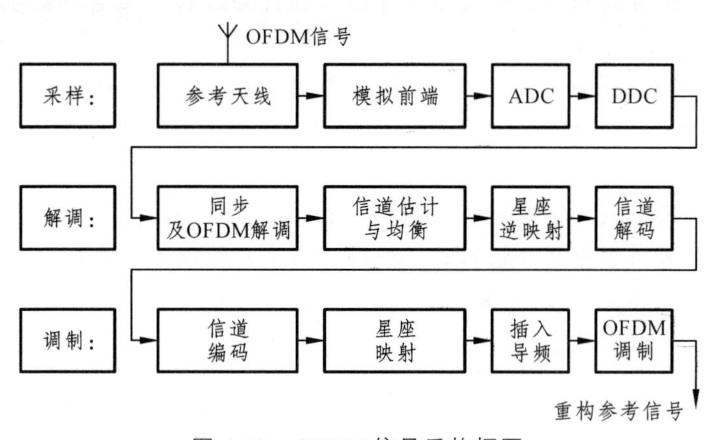

图 4.18 OFDM 信号重构框图

3. 干扰与杂波抑制

PRPD 系统中，直达波及多径杂波信号远强于目标散射回波，目标信号在回波谱上被淹没，无法对目标的极化散射特性进行研究，因此，对直达波及杂波信号的有效抑制是极化分集合并的前提。本小节介绍直达波、多径杂波抑制的时域方法与空域方法。

1）时域杂波抑制方法

时域杂波抑制方法依据其抑制方式也可称为时域杂波对消。基于不同的准则，时域算法包含递归最小二乘算法、最小均方算法、梯度格型算法[5,182,183]以及时域投影算法。时域投影算法基本原理来源于正交投影，利用参考信号时域扩展构造杂波子空间，然后将监测信号投影到构造杂波子空间的正交子空间中，达到杂波抑制的目的。典型的算法有扩展相消算法（Extended Cancellation Algorithm，ECA）[184-185]、分段扩展相消算法（Extended

Cancellation Algorithm-Block，ECA-B）[185]、分载波扩展相消算法（Extended Cancellation Algorithm-Carrier，ECA-C）[186]。本小节将针对 ECA 进行具体介绍。

信号经过 AD 板采样，假设满足奈奎斯特定律的采样频率为 f_s，那么监测信号经过采样后可以表示为

$$\boldsymbol{S}_{\text{surv}}=\left[S_{\text{surv}}(0) \quad S_{\text{surv}}(1) \quad \cdots \quad S_{\text{surv}}(N-1)\right]^{\mathrm{T}} \tag{4.30}$$

其中，N 表示采样样本的数目；上标 T 表示转置运算。同理，参考信号经采样后可以表示为

$$\boldsymbol{S}_{\text{ref}}=\left[S_{\text{ref}}(-K+1) \quad \cdots \quad S_{\text{ref}}(0) \quad \cdots \quad S_{\text{ref}}(N-1)\right]^{\mathrm{T}} \tag{4.31}$$

其中，K 表示扩展的距离单元数目。

最小二乘法（LS）是一种数学优化方法，它通过最小化误差的平方和，寻求数据的最佳匹配函数。因此，LS 可以作为一种有效的滤波手段用于信号处理方面。依据 LS 原理，我们令干扰相消后剩余信号功率最小，那么有

$$\min\left\{\left\|\boldsymbol{S}_{\text{surv}}-\boldsymbol{X}\alpha\right\|^{2}\right\} \tag{4.32}$$

其中，

$$\boldsymbol{X}=\boldsymbol{B}\left[\boldsymbol{\Lambda}_{-p}\boldsymbol{s}_{\text{ref}} \quad \cdots \quad \boldsymbol{\Lambda}_{-1}\boldsymbol{s}_{\text{ref}} \quad \boldsymbol{s}_{\text{ref}} \quad \boldsymbol{\Lambda}_{1}\boldsymbol{s}_{\text{ref}} \quad \cdots \quad \boldsymbol{\Lambda}_{p}\boldsymbol{s}_{\text{ref}}\right] \tag{4.33}$$

矩阵 $\boldsymbol{B}$ 为一个选择矩阵，作用是选择右边相邻矩阵的最后 N 行。矩阵 $\boldsymbol{B}$ 可以表示为

$$\boldsymbol{B}=\left\{b_{ij}\right\}_{i=1,\cdots,N;\,j=1,\cdots,N+K-1},\quad b_{ij}=\begin{cases}1, & i=j-K+1\\ 0, & \text{其他}\end{cases} \tag{4.34}$$

$\boldsymbol{\Lambda}_p$ 为对角矩阵，对应于第 p 个多普勒单元。

$$\boldsymbol{\Lambda}_p=\begin{bmatrix}1 & 0 & \cdots & 0\\ 0 & \mathrm{e}^{\mathrm{j}2\pi p} & \cdots & 0\\ \vdots & \vdots & & \vdots\\ 0 & 0 & \cdots & \mathrm{e}^{\mathrm{j}2\pi p(N+K-1)}\end{bmatrix} \tag{4.35}$$

构建参考信号的零多普勒延时序列 $\boldsymbol{s}_{\text{ref}}$ 为

$$\boldsymbol{s}_{\text{ref}}=\left[\boldsymbol{S}_{\text{ref}} \quad \boldsymbol{D}\boldsymbol{S}_{\text{ref}} \quad \boldsymbol{D}^{2}\boldsymbol{S}_{\text{ref}} \quad \cdots \quad \boldsymbol{D}^{K-1}\boldsymbol{S}_{\text{ref}}\right] \tag{4.36}$$

其中，$\boldsymbol{D}$ 为单位延时矩阵，其被定义为

$$\boldsymbol{D}=\left\{d_{ij}\right\}_{i,j=1,\cdots,N+K-1},\quad d_{ij}=\begin{cases}1, & i=j+1\\ 0, & \text{其他}\end{cases} \tag{4.37}$$

由式（4.32）可以获得：

$$\alpha=\left(\boldsymbol{X}^{\text{H}}\boldsymbol{X}\right)^{-1}\boldsymbol{X}^{\text{H}}\boldsymbol{S}_{\text{surv}} \tag{4.38}$$

因此，监测通道信号经过杂波抑制后变为

$$\boldsymbol{S}_{\text{ECA}}=\boldsymbol{S}_{\text{surv}}-\boldsymbol{X}\alpha=\left[\boldsymbol{I}-\boldsymbol{X}\left(\boldsymbol{X}^{\text{H}}\boldsymbol{X}\right)^{-1}\boldsymbol{X}^{\text{H}}\right]\boldsymbol{S}_{\text{surv}}=\boldsymbol{P}\boldsymbol{S}_{\text{surv}} \tag{4.39}$$

矩阵 $\boldsymbol{P}$ 为正交投影矩阵，其将监测通道信号 $\boldsymbol{S}_{\text{surv}}$ 投影到干扰信号子空间的正交子空间中，这样剩余信号中将不再包含干扰信号成分，干扰得到抑制。

2）空域杂波抑制方法

空域杂波抑制亦可称为波束形成，是阵列信号处理研究的一个主要方面。空域杂波抑制实质是通过对传感器阵列进行加权，提取某些方向的期望信号，抑制其他方向的干扰及噪声。自适应数字波束形成（ADBF）算法可以根据信号环境变化，自适应改变各阵元加权因子[187]，在干扰方向自适应形成零陷，滤除干扰和杂波，保证期望信号接收。在自适应数字波束形成技术中，最小方差无失真响应（MVDR）波束形成是一种比较常用的算法[187-191]。MVDR是一种基于SINR准则的自适应滤波算法，该算法含有两个约束条件，即阵列输出在期望方向上功率最小及SINR最大。

图4.19所示为MVDR波束形成器示意图。其中：

$$\boldsymbol{S}(t)=\left[s_{1}(t) \quad s_{2}(t) \quad \cdots \quad s_{N}(t)\right]^{\text{T}} \tag{4.40}$$

表示天线阵列接收信号矩阵形式，T表示转置符号。

$$\boldsymbol{W}(\theta)=\left[w_{1}(\theta) \quad w_{1}(\theta) \quad \cdots \quad w_{N}(\theta)\right]^{\text{T}} \tag{4.41}$$

表示自适应权矢量矩阵。

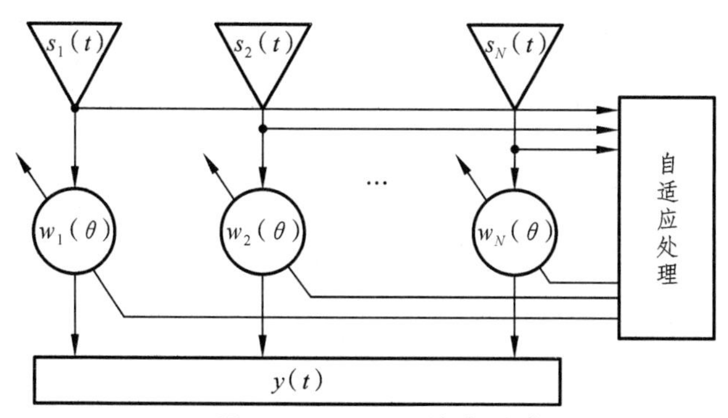

图 4.19 MVDR 波束形成器

天线阵列输出矢量可以表示为

$$y(t)=\boldsymbol{W}^{\mathrm{H}}(\theta)\boldsymbol{S}(t) \tag{4.42}$$

假设有期望信号位于远场空间，其波达方向为 θ_{d}，存在 J 个干扰信号，其波达方向为 θ_{i_j} $(j=1,2,\cdots,J)$。为保证期望信号的有效接收，并完全抑制 J 个干扰信号，那么权矢量要满足约束条件

$$\boldsymbol{W}^{\mathrm{H}}\boldsymbol{A}(\theta_{\mathrm{d}})=1 \tag{4.43}$$

$$\boldsymbol{W}^{\mathrm{H}}\boldsymbol{A}(\theta_{\mathrm{i}_j})=0 \tag{4.44}$$

约束条件使波束方向图的“零点”指向所有 J 个干扰信号。式中 H 为共轭转置符号。

为了获得最优权矢量，在上述约束条件下需要满足：

$$\min P_{\mathrm{out}}=\min E\left[\left|y(t)\right|^2\right]=\min\left\{\boldsymbol{W}^{\mathrm{H}}\boldsymbol{R}_S\boldsymbol{W}\right\} \tag{4.45}$$

其中，$\boldsymbol{R}_S=E\left[\boldsymbol{S}(t)\boldsymbol{S}^{\mathrm{H}}(t)\right]$ 为阵列输入信号协方差矩阵。该问题可以用 Lagrange 乘子法求解，最终可以得到接收来自 θ_{d} 方向的期望信号的波束形成器最优权矢量为

$$\boldsymbol{W}_{\mathrm{opt}}=\mu\boldsymbol{R}_{\mathrm{S}}^{-1}\boldsymbol{a}(\theta_{\mathrm{d}}) \tag{4.46}$$

其中，μ 表示一个比例常数；θ_{d} 为期望信号波达方向。

干扰抑制后，输出信号表示为

$$y_{\mathrm{out}}=\boldsymbol{W}_{\mathrm{opt}}^{\mathrm{H}}\boldsymbol{S} \tag{4.47}$$

此时,MVDR 波束形成器只接收来自方向 θ_d 的期望信号,抑制其他波达方向信号。

式（4.46）两边同时乘以 $\boldsymbol{a}^{H}(\theta_{d})$，结合约束条件（4.43）、（4.44），我们可以得到常数 μ 的表达式为

$$\mu=\frac{1}{\boldsymbol{a}^{H}(\theta_{d})\boldsymbol{R}_{S}^{-1}\boldsymbol{a}(\theta_{d})} \tag{4.48}$$

4. 二维互相关

在雷达信号处理中，二维互相关又称为匹配滤波。匹配滤波器是一种最佳线性滤波器，是噪声背景中雷达信号最佳检测发展而来的信号处理理论。

假设 $s_i(t)$ 为滤波器输入有用信号，$n_i(t)$ 为滤波器输入噪声信号；$s_o(t)$ 为滤波器输出有用信号，$n_o(t)$ 为滤波器输出噪声信号；$H(j\omega)$ 为滤波器传递函数。那么匹配滤波器实现框图如图 4.20 所示。

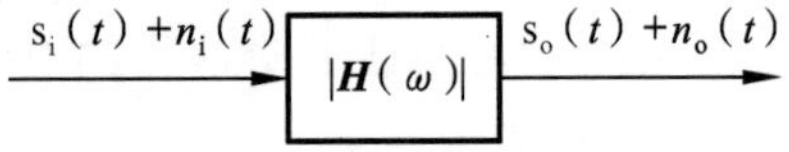

$$s_i(t)+n_i(t) \longrightarrow \boxed{|\boldsymbol{H}(\omega)|} \longrightarrow s_o(t)+n_o(t)$$

图 4.20 匹配滤波器

利用傅里叶变换我们可以得到输入信号频谱表达式为

$$S_i(\omega)=F\left[s_i(t)\right]=\int_{-\infty}^{+\infty}s_i(t)e^{-j\omega t}dt \tag{4.49}$$

其中，$F[\cdot]$表示傅里叶变换。

输入端信号能量为

$$E=\int_{-\infty}^{+\infty}\left|s_i(t)\right|^2dt=\frac{1}{2\pi}\int_{-\infty}^{+\infty}\left|S_i(\omega)\right|^2d\omega \tag{4.50}$$

输出信号表达式为

$$s_o(t)=F^{-1}\left[S_i(\omega)H(\omega)\right]=\frac{1}{2\pi}\int_{-\infty}^{+\infty}H(\omega)S_i(\omega)e^{j\omega t}d\omega \tag{4.51}$$

其中，$F^{-1}[\cdot]$表示傅里叶变换逆变换。

假设在 $t=t_n$ 时刻有

$$s_o(t_n)=\frac{1}{2\pi}\int_{-\infty}^{+\infty}H(\omega)S_i(\omega)e^{j\omega t_n}d\omega \tag{4.52}$$

此刻的 SNR 可以表示为

$$P_{\text{snr}}=\frac{\left|s_{\text{o}}\left(t_n\right)\right|^2}{n_{\text{o}}^2\left(t_n\right)} \tag{4.53}$$

输出噪声平均功率表示为

$$\left|\bar{n}_{\text{o}}\left(t\right)\right|^2=\frac{1}{2\pi}\int_{-\infty}^{+\infty}\frac{N}{2}\left|H\left(\omega\right)\right|^2\mathrm{d}\omega \tag{4.54}$$

此刻滤波器输出 SNR 表示为

$$P_{\text{snr}}=\frac{\left|\frac{1}{2\pi}\int_{-\infty}^{+\infty}H\left(\omega\right)S_{\text{i}}\left(\omega\right)\mathrm{e}^{\mathrm{j}\omega t_n}\mathrm{d}\omega\right|^2}{\frac{N}{4\pi}\int_{-\infty}^{+\infty}\left|H\left(\omega\right)\right|^2\mathrm{d}\omega} \tag{4.55}$$

根据柯西-施瓦茨不等式有

$$\left|\int_{-\infty}^{+\infty}H\left(\omega\right)S_{\text{i}}\left(\omega\right)\mathrm{e}^{\mathrm{j}\omega t_n}\mathrm{d}\omega\right|^2\leqslant\int_{-\infty}^{+\infty}\left|H\left(\omega\right)\right|^2\mathrm{d}\omega\int_{-\infty}^{+\infty}\left|S_{\text{i}}\left(\omega\right)\right|^2\mathrm{d}\omega \tag{4.56}$$

当且仅当下式成立时式（4.56）取等号：

$$H\left(\omega\right)=k\left[S_{\text{i}}\left(\omega\right)\mathrm{e}^{\mathrm{j}\omega t_n}\right]^*=kS_{\text{i}}^*\left(-\omega\right)\mathrm{e}^{-\mathrm{j}\omega t_n} \tag{4.57}$$

即滤波器冲击响应为

$$h\left(t\right)=F^{-1}\left[H\left(\omega\right)\right]=ks^*\left(t_n-t\right) \tag{4.58}$$

k=1 时，匹配滤波过程表示为

$$y\left(t\right)=x\left(t\right)\otimes h\left(t\right)=\int_{-\infty}^{+\infty}x\left(\tau\right)h\left(t-\tau\right)\mathrm{d}\tau=\int_{-\infty}^{+\infty}x\left(\tau\right)s^*\left(\tau-t+t_0\right)\mathrm{d}\tau \tag{4.59}$$

此时最大 SNR 为

$$P_{\text{maxsnr}}\leqslant\frac{\int_{-\infty}^{+\infty}\left|H\left(\omega\right)\right|^2\mathrm{d}\omega\int_{-\infty}^{+\infty}\left|S_{\text{i}}\left(\omega\right)\right|^2\mathrm{d}\omega}{\pi N\int_{-\infty}^{+\infty}\left|H\left(\omega\right)\right|^2\mathrm{d}\omega}=\frac{\frac{1}{2\pi}\int_{-\infty}^{+\infty}\left|S_{\text{i}}\left(\omega\right)\right|^2\mathrm{d}\omega}{\frac{N}{2}}=\frac{2E}{N} \tag{4.60}$$

这种滤波器为输出 SNR 最大意义下的最佳线性滤波器，由于滤波器传输特性与信号频谱复共轭一致，因此称为匹配滤波器。

外辐射源雷达目标散射回波信号可以看作是纯净参考信号经过多普勒频移与时间延迟的样本，监测信号为目标回波信号与噪声的线性叠加。雷达信号匹配滤波就是将参考信号与监测通道目标回波信号进行距离和多普勒二维匹配的过程。经过匹配滤波后，目标回波信号相干积累使 SNR 增加，在目标所处距离和多普勒上形成单个尖峰。假设外辐射源雷达参考信号为 $s_{\mathrm{ref}}(n)$，监测信号为 $s_{\mathrm{surv}}(n)$，其中 $n=0,1,\cdots,N-1$，那么外辐射源雷达匹配过程可以表示为

$$RD(\tau,\nu)=\sum_{n=0}^{N-1}s_{\mathrm{surv}}(n)s_{\mathrm{ref}}^{*}(n-\tau)\mathrm{e}^{-\mathrm{j}2\pi\nu\frac{n}{N}} \tag{4.61}$$

ν表示多普勒频移单元，具体的外辐射源雷达匹配滤波器实现方法可以参阅文献[4]，这里不再赘述。

4.3.1.2 恒虚警率检测

恒虚警率（CFAR）检测是 DPDWC 的主要组成部分之一，如图 4.21 所示。常见的恒虚警率检测方法包含经典的固定门限检测器、均值类 CFAR 检测器、有序统计类 CFAR 检测器等[192-193]。在均值类 CFAR 方法中，最经典的是单元平均（CA）方法[194]。

CA-CFAR 的基本原理是根据实际的参考单元样本平均值和设定的虚警概率确定检测门限，如果待检测单元大于检测门限，则认为该单元存在目标，否则认为目标不存在。雷达信号经过匹配滤波及平方律检波处理后，CA-CFAR 处理如图 4.21 所示。

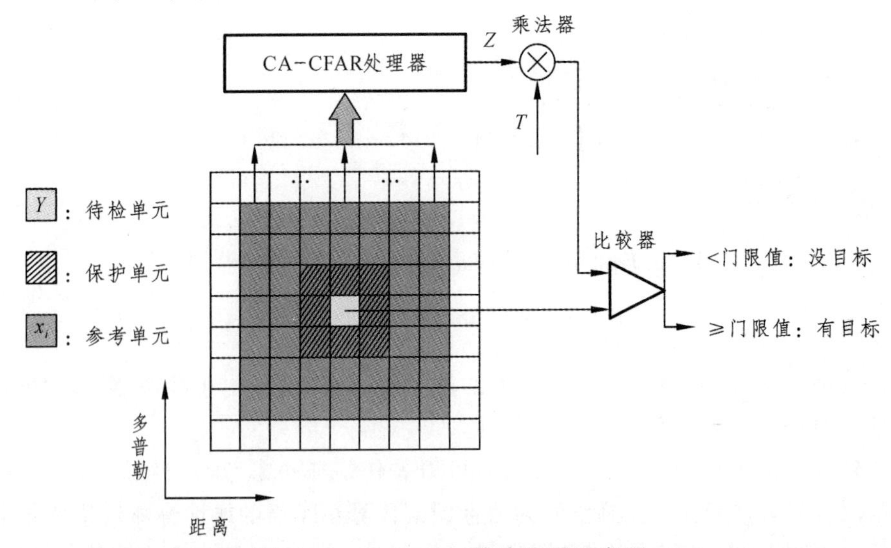

图 4.21 CA-CFAR 算法处理示意图

在图 4.21 中，输入信号包含待检单元与参考单元。保护单元是为了防止目标能量泄漏到参考单元而影响检测效果。Z 是通过对参考单元的统计平均处理得到，作为总的杂波功率水平估计。T 为门限因子，参考门限值 α 由 T 与 Z 的乘积获得。当待检单元值超过参考门限值时，认为目标存在；否则，认为不存在目标。在 CA-CFAR 检测器中，背景噪声功率水平 Z 为 N_c 个参考单元均值：

$$Z = \frac{1}{N_c}\sum_{i=1}^{N_c} x_i \tag{4.62}$$

对于给定的门限因子 T，虚警概率 P_{fa} 表达式为

$$P_{fa} = \left(1 + \frac{T}{N_c}\right)^{-N_c} \tag{4.63}$$

式（4.63）表明，虚警概率 P_{fa} 不依赖实际噪声功率大小，仅与参与平均的参考单元样本数 N_c 及门限因子 T 有关。

如果给定预期的平均虚警概率 $\overline{P}_{fa}$，门限因子 T 可以通过式（4.63）求得：

$$T = N_c\left(\overline{P}_{fa}^{-\frac{1}{N_c}} - 1\right) \tag{4.64}$$

由此，参考门限值可以表示为

$$a = T \cdot Z = \left(\overline{P}_{fa}^{-\frac{1}{N_c}} - 1\right) \cdot \sum_{i=1}^{N_c} x_i \tag{4.65}$$

式（4.65）表明，CA-CFAR 只需要设定虚警概率就可以得到检测门限值。

4.3.2 基于极化非相干积累的检测方法

从 4.2 节的分析中可以看出，目标极化散射 RCS 闪烁会导致单一极化检测方式检测效果不佳。仿真生成 40 个数据点，每个数据点原始回波信号相干积累前 SNR 为 – 45 dB，积累时间为 0.1 s，信号带宽为 8 MHz，数据点极化角服从 0° ~ 90°的均匀分布，采用 CA-CFAR 检测方法，虚警概率为 10^{-6}，检测结果如图 4.22 所示，图中 V 表示垂直，H 表示水平。无论垂直极化还是水平极化都无法获得连续的检测点迹。

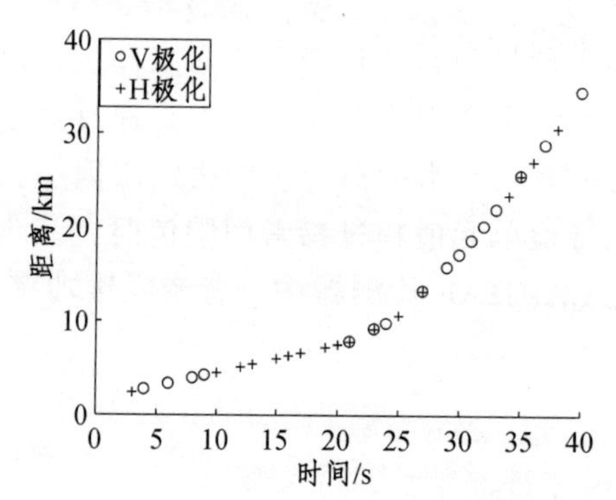

图 4.22　单极化恒虚警率检测结果

假设 K 个极化监测通道双基地 RD 谱表示为 $RD_k(\tau,\nu)(k=1,\cdots,K)$。如果待检测单元位于距离单元 τ_0、多普勒单元 v_0，K 个通道的待检测单元组成一个复矢量 $\boldsymbol{x}_0=\left[RD_1(\tau_0,v_0)\cdots RD_K(\tau_0,v_0)\right]^{\mathrm{T}}$。$K$ 个通道的 RD 谱目标数据可以表示为 $\boldsymbol{s}=\left[a_1\cdots a_K\right]^{\mathrm{T}}$，其中 $a_i(i=1,\cdots,K)$ 为各通道目标的未知复幅度。各个极化通道的噪声满足独立同分布条件，$\boldsymbol{x}_0$ 在 H_0（只有噪声）假设下满足零均值的正态分布，在 H_1（目标+噪声）假设下，$\boldsymbol{x}_0=\boldsymbol{s}$。当满足这些假设条件时，一种有效提高目标 SNR 的方法为极化非相干积累（P-NCI）[195-196]。当 K 个极化通道待检测单元 RD 谱数据经过平方律检波后非相干积累，输出为

$$y_{\text{P-NCI}}(\tau_0,v_0)=\left|\boldsymbol{x}_0\right|^2=\sum_{k=1}^{K}\left|RD_k(\tau_0,v_0)\right|^2 \tag{4.66}$$

采用 CA-CFAR 检测方法对积累后数据进行检测，第 q 个参考单元可以表示为

$$y_{\text{P-NCI}}(\tau_q,v_q)=\sum_{k=1}^{K}\left|RD_k(\tau_q,v_q)\right|^2 \tag{4.67}$$

结合式（4.66）可以得到 P-NCI 检测器的决策准则为

$$\frac{y_{\text{P-NCI}}(\tau_0,v_0)}{\sum_{q=1}^{Q}y_{\text{P-NCI}}(\tau_q,v_q)}\underset{H_0}{\overset{H_1}{\gtrless}}T \tag{4.68}$$

门限因子 T 可以通过式（4.69）设定理论虚警概率得到[196]：

$$P_{\text{fa}}=\sum_{k=0}^{K-1}\binom{MK+k-1}{k}\left(\frac{T}{MT}\right)^k\left(1+\frac{T}{MK}\right)^{-MK-k} \tag{4.69}$$

文献[142]和[195]研究了 P-NCI 对基于 DVB-T 与 FM 信号的 PRPD 系统性能的影响。P-NCI 可以提高目标 SINR，提升目标检测效果。

与图 4.22 仿真条件设置一致，采用 P-NCI 的检测方法，检测结果如图 4.23 所示。

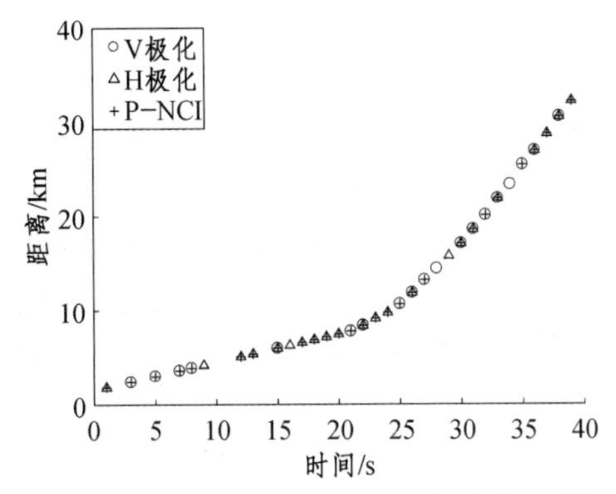

图 4.23　P-NCI 与垂直极化、水平极化检测结果比较

从图 4.23 可以看出，非相干积累后，相较于单极化通道，检测效果有所改善，但是仍有部分点迹无法检测出来。这是由于极化通道间回波信号 SNR 的不平衡所导致。SNR 不平衡指的是不同极化通道间 SNR 的差异。以水平、垂直极化通道为例，假设两个通道平均噪声基底相等，$\eta_h \leqslant \eta_v = 20\ \text{dB}$，当水平通道 SNR 逐渐减小时，也即通道间 SNR 不平衡逐渐加大时，非相干积累后的 SNR 变化如图 4.24 所示。

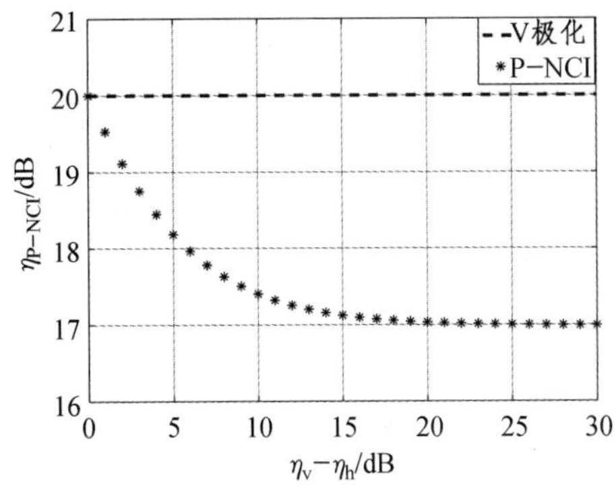

图 4.24　通道不平衡性对非相干积累后 SNR 影响

图 4.24 表明，极化通道间 SNR 的不平衡会导致非相干积累后 SNR 降低，影响检测器性能。

4.3.3 基于极化分集加权合并的检测方法

4.3.3.1 极化分集加权合并模型

通信领域研究中，PDMRC 是一种最优的分集合并方式，本节借鉴该方法的合并原则，提出了一种 PDWC 的检测方法。

假设经过杂波抑制，第 k 个极化通道匹配滤波后距离多普勒谱上数据为 $RD_k(\tau,\nu)$，见式（4.61）。各极化通道数据在进行合并前还需经平方律检波处理，第 k 个通道、第 m 个待检测单元为 $RD_k(\tau_m,\nu_m)$，定义 PDWC 输出信号为

$$y_{\text{PDWC}}(\tau_m,\nu_m)=\sum_{k=1}^{K}(w_{k,m})^n\left|RD_k(\tau_m,\nu_m)\right|^2 \tag{4.70}$$

其中，

$$w_{l,m}=\frac{\left|RD_L(\tau_m,\nu_m)\right|^2-\overline{\left|n_{l,m}\right|^2}}{\overline{\left|n_{l,m}\right|^2}} \tag{4.71}$$

$\overline{\left|n_{l,m}\right|^2}$ 表示第 l 个通道、第 m 个待检测单元的参考单元样本平均值。

仍基于图 4.24 的仿真条件，针对 $(w_{l,m})^n$ 中 n 的不同取值，评估不同极化通道 SNR 不平衡对 PDWC 带来的影响，如图 4.25 所示。

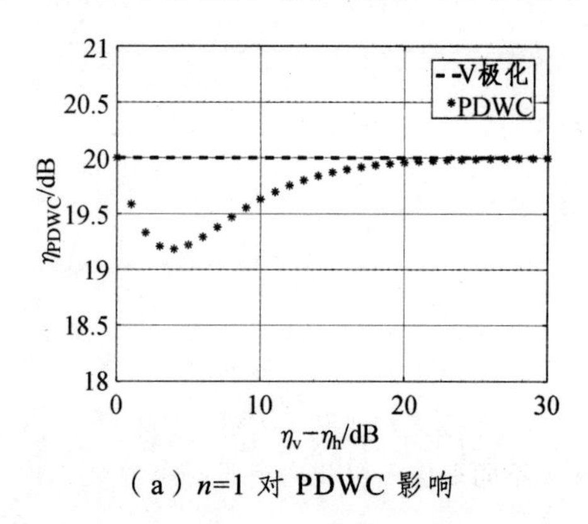

（a）n=1 对 PDWC 影响

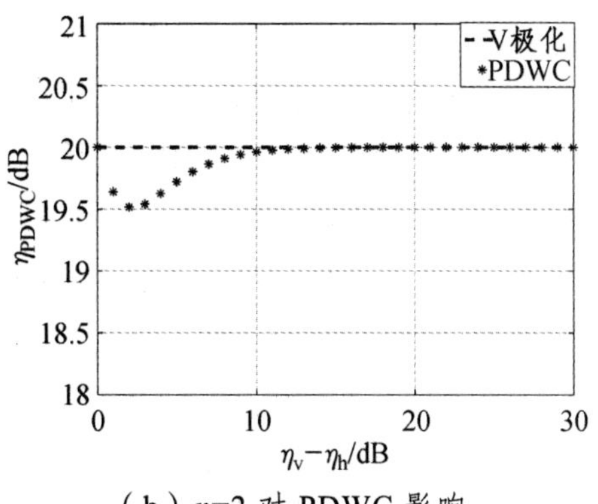

（b）n=2 对 PDWC 影响

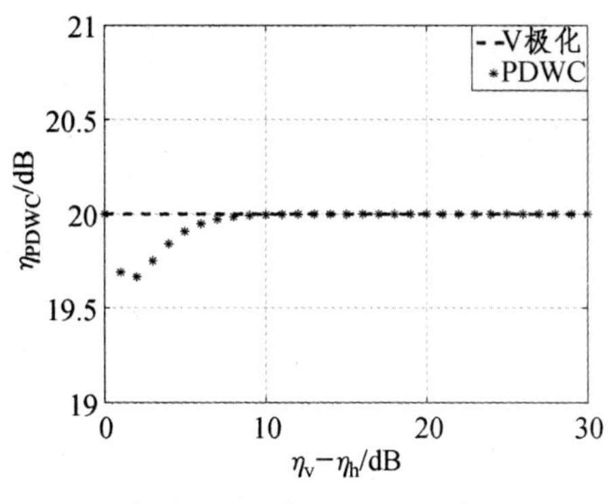

（c）n=3 对 PDWC 影响

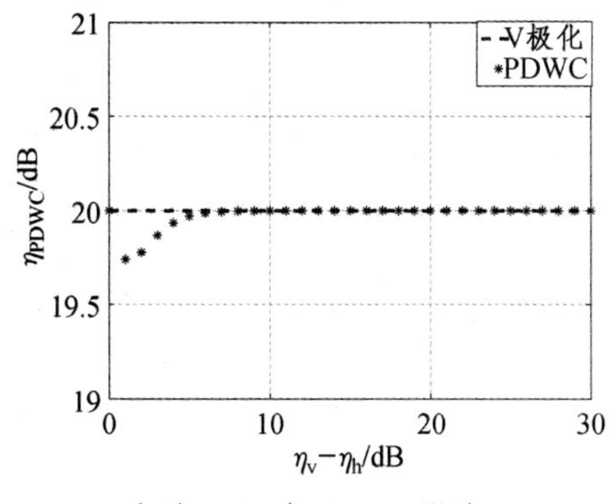

（d）n=4 对 PDWC 影响

图 4.25　n 不同取值下极化通道不平衡性对 PDWC 影响

由图 4.25 可以看出，无论 n 取值为多少，水平与垂直通道间的 SNR 不平衡性对 PDWC 的影响远小于 P-NCI；两个通道 SNR 相差越大，经过 PDWC 后的 SNR 收敛性越好（仿真设置中 $\eta_{\mathrm{v}} > \eta_{\mathrm{h}}$）且越趋于稳定；$n$ 取值的大小，影响 SNR 收敛速度，n 值越大，收敛速度越快。后续检测性能与实验结果分析都将基于 n=1 的 PDWC 与 P-NCI 进行对比，以体现 DPDWC 的性能优势。PDWC 的具体实现原理如图 4.26 所示。

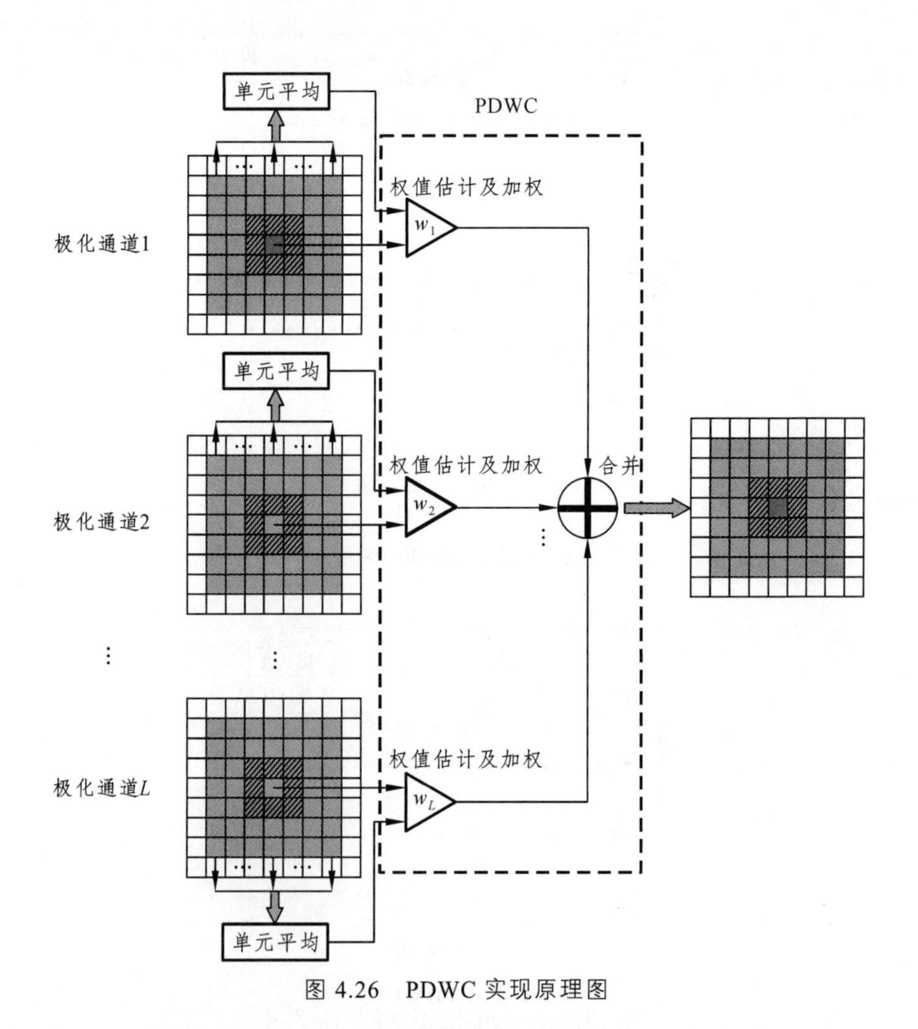

图 4.26　PDWC 实现原理图

4.3.3.2 极化分集加权合并对 RCS 影响

下面基于 4.2 节中机腹入射的电磁仿真数据对 PDWC 的 RCS 的合并性能进行分析。选取特定角度 θ_{TM}=90°，$\varphi_{\mathrm{TM}} \in (0°,360°]$（见图 4.2）的散射回波数据，对比 RCS_{HH}、RCS_{VH}、RCS_{HV}、RCS_{VV} 及 RCS_{PDSC}，结果如图 4.27（a）、4.27（b）所示。选取特定角度 $\theta_{\mathrm{TM}} \in (0°,180°]$，$\varphi_{\mathrm{TM}} = 90°$ 的散射回波数据，结果如图 4.27（c）、4.27（d）所示。在图 4.27 中，PDWC 良好的抗通道不平衡特性能始终保证最优 RCS 输出。

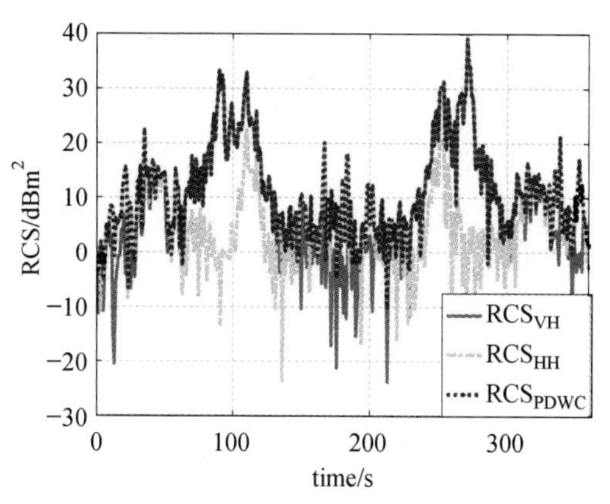

（a）RCS_{HH}、RCS_{VH} 与 RCS_{PDWC} 对比

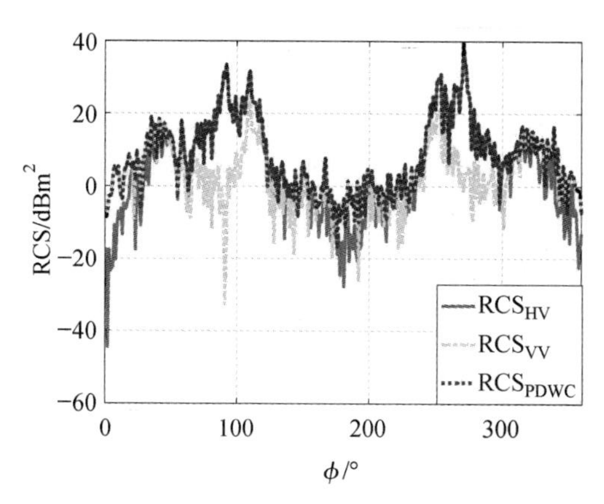

（b）RCS_{VV}、RCS_{HV} 与 RCS_{PDWC} 对比

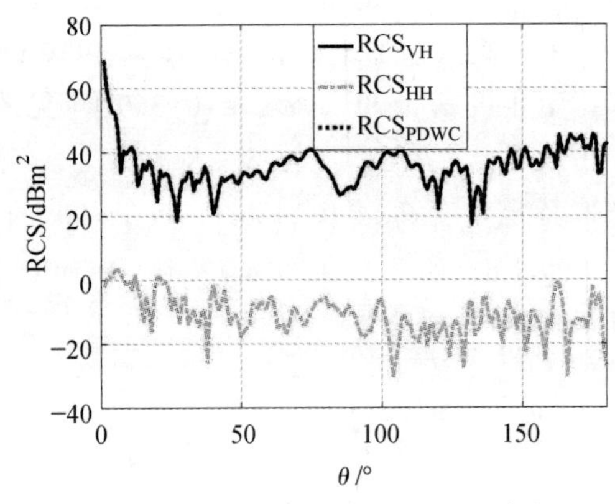

（c）RCS_{HH}、RCS_{VH} 与 RCS_{PDWC} 对比

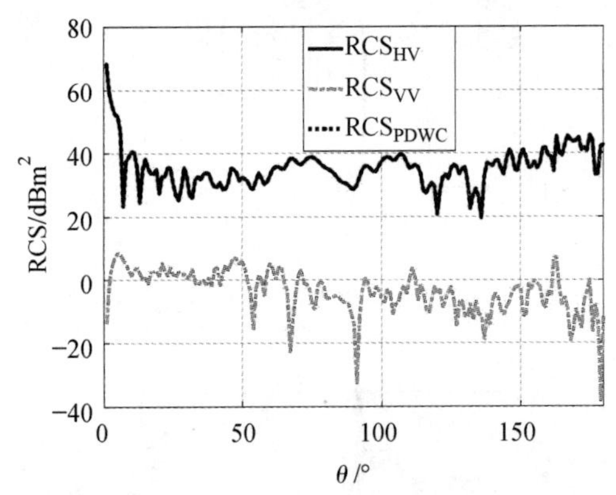

（d）RCS_{VV}、RCS_{HV} 与 RCS_{PDWC} 对比

图 4.27 同极化、正交极化与 PDWC 的 RCS 对比

以 4.2.4 节中的目标真实航线下的极化散射 RCS 进行分析，当发射天线极化方式为垂直时，对比结果如图 4.28（a）所示；当发射天线极化方式为水平时，对比结果如图 4.28（b）所示。

从图 4.28（a）可以看出，输出 RCS_{PDWC} 始终为 RCS_{HV} 与 RCS_{VV} 中较大值，而图 4.28（b）中，PDWC 输出 RCS 与在整个时间段内 RCS 始终占优的同极化 RCS 相同，即 $RCS_{PDWC}=RCS_{HH}$。

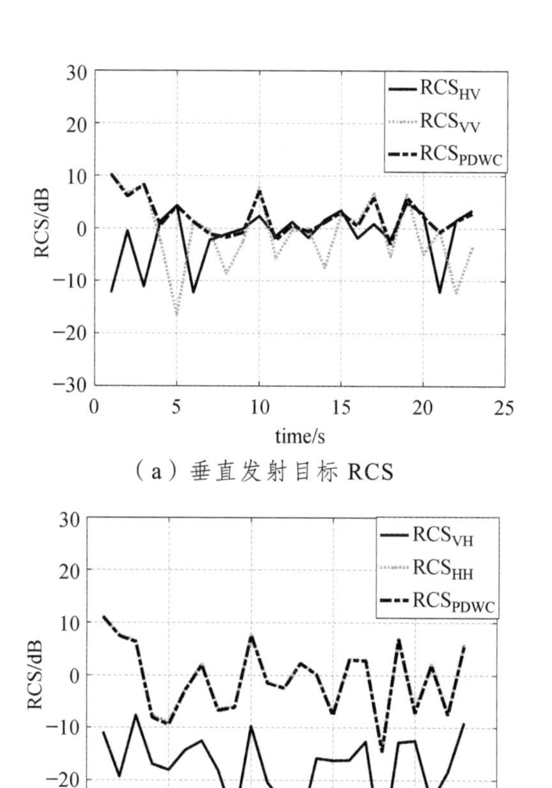

（a）垂直发射目标 RCS

（b）水平发射目标 RCS

图 4.28　真实航线下极化散射 RCS 对比

4.3.3.3　检测性能分析

为了验证 DPDWC 与 P-NCI 检测方法性能，进行 500 次蒙特卡罗仿真计算，对比结果如图 4.29 所示，其中虚警概率设置为10^{-6}，采用式（4.69）方式得到门限因子。

图 4.29 中，横坐标为信号相干积累前的 SNR。相对于 P-NCI 检测方法，DPDWC 具有更好的稳定性，不易受极化通道间 SNR 不平衡影响，因此检测性能更好。

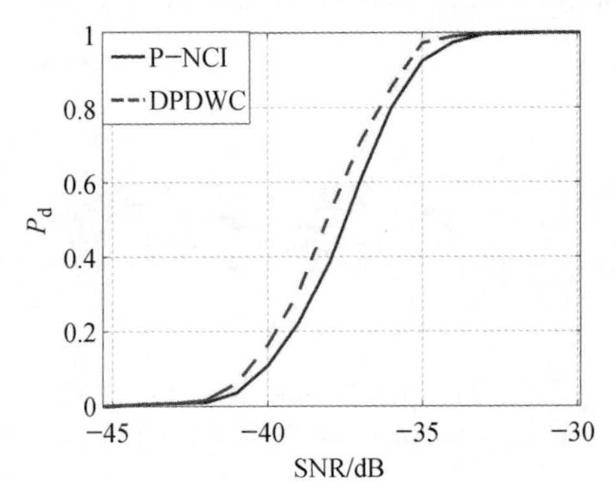

图 4.29 SNR 与检测概率关系

4.3.3.4 方法实现流程

PRPD 系统中，DPDWC 方法具体实现过程如下：

（1）获取雷达参考通道与监测通道数据。

（2）参考通道数据经重构后得到纯净参考信号，监测通道数据经过时域、空域滤波处理后获得杂波抑制后数据。

（3）对杂波抑制后水平、垂直通道数据分别进行二维互相关处理，得到匹配滤波数据。

（4）分别对水平、垂直通道匹配滤波数据进行平方律检波。

（5）以参考单元平均值作为待检测单元平均噪声基底，计算水平、垂直极化通道同一位置待检测单元 SNR，以此求得权矢量 w_h 与 w_v。

（6）对不同极化通道加权合并，输出结果输入 CA-CFAR。

（7）重复步骤（4）~（6），直到距离多普勒上所有数据合并及检测完成。

方法实现流程如图 4.30 所示。

4.4 本章小结

本章基于 PRPD 系统，从目标极化散射特性入手，分析了目标回波信号闪烁特性对单极化信号接收的影响，基于 P-NCI 检测方法可以在一定程度上改善检测效果，但易受到极化通道间 SNR 不平衡的影响。针对该问题，本章提出了一种基于 PDWC 的检测方法。具体研究思路为：

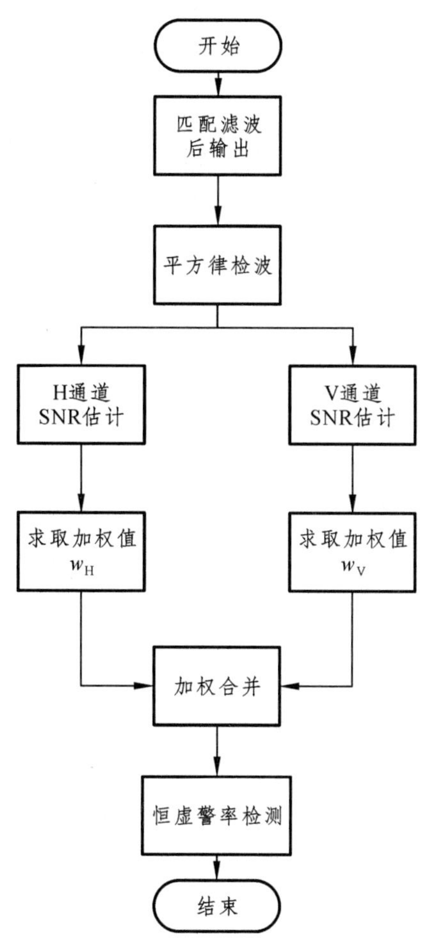

图 4.30 DPDWC 实现流程

（1）首先建立了波音 737 客机的电磁计算模型，通过计算获得目标全方位极化散射特性；然后利用统计方法分析了不同收、发极化下，目标双基地极化散射 RCS 与 PAR 的统计特性；最后利用 ADS-B 数据获得的真实飞行航线估计出目标相对于发射站与接收站的方位角与俯仰角，仿真分析目标的 RCS 与 PAR 变化规律。

（2）首先介绍了基于 DPDWC 方法的信号处理流程，该流程包含 PRPD 阵列校准、参考信号提取、干扰与杂波抑制、匹配滤波以及恒虚警率检测，其中重点分析了 PRPD 阵列幅相误差对 DOA 估计以及极化滤波器性能的影响；其次介绍了一种 P-NCI 的检测方法，该方法能在一定程度上解决了目标散射回波闪烁带来的单极化检测效果不佳的问题，但该方法容易受到极化通道间 SNR 不平衡的影响；然后提出了一种基于 PDWC 的检测方法，该方法降低了通道间 SNR 不平衡对检测效果的影响，具有更好的稳定性；最后针对该方法进行了检测性能分析与算法流程介绍。

第 5 章

实验系统及数据分析

第 3、第 4 章所提新方法、新思路在实际应用场景下的性能成为研究者主要关心的问题。本章将从 PRPD 实验系统与极化分集实测数据处理两个方面进行介绍与分析。首先介绍实验系统结构及主要组成部分，其中详细描述极化分集天线的设计理念与仿真及实测性能；其次研究极化天线阵列的校准问题，利用 MUSIC 方法验证校准数据的可靠性，并分析极化阵列校准对极化滤波性能带来的影响；最后利用在南昌和武汉两地采集的实验数据进行新方法、新思路的验证分析，证明基于子载波处理技术的极化滤波方法与基于极化分集选择合并的检测方法的正确性与有效性。

5.1 实验系统

武汉大学自主研发的多通道 PRPD 系统结构组成如图 5.1 所示。

系统包含 6 个通道，阵列由三副水平、垂直正交极化天线组成，极化天线的设计方案与仿真及测试性能将在 5.1.1 节中介绍。天线的两个正交通道分别通过电缆与接收机相连，接收机包含模拟前端、数字采集系统与全球定位系统（Global Position System，GPS）信号接收板。主要工作流程如下：信号首先被校准好的 6 通道极化阵列天线接收，经过模拟前端混频、放大、滤波等步骤后，信号进入 ADC；经中频采样及数字下变频后得到多通道基带 I/Q 信号；将基带 I/Q 信号经信号处理板、PCI-E 光纤接口卡、磁盘阵列以及交换机传输给信号处理机进行信号处理。所采集的数据基本反映了 PRPD 工作的真实环境，对于 PRPD 信号处理的研究具有很大价值。

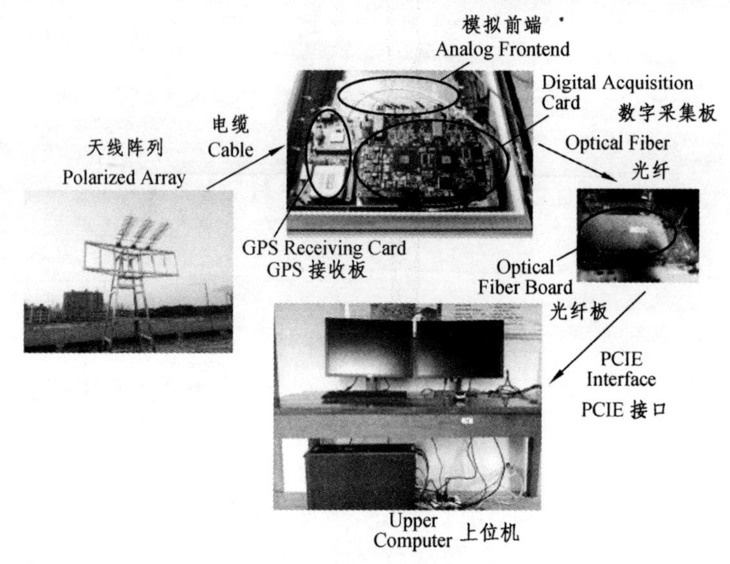

图 5.1 PRPD 系统组成

5.1.1 极化天线

多极化天线可以接收到不同极化状态的空间电磁波，是 PRPD 系统重要组成部分之一。正交极化天线是一种基本的多极化天线，也是在诸多文献报道中实验系统采用的主要极化天线形式[136-141]。依据本书实验所需条件，参照现有的天线设计方案，本书自行设计制作了双通道极化天线[197]。本节极化天线设计分为：天线选型、结构设计、性能仿真与性能实测四个步骤。

5.1.1.1 天线选型

广播电视塔、通信基站等第三方照射源一般以地面覆盖为主，信号经空中目标散射后的回波能量十分微弱。此处综合考虑天线系统设计成本、便携性及实验增益需求，选择性能优良的八木-宇田天线为蓝本设计正交极化天线。为了保证两路正交通道间信号耦合小，同时顾及天线耦合设计难度，将极化隔离度指标设定为 20 dB。

5.1.1.2 结构设计

八木天线是一种线极化天线，它的增益比对称振子天线大，带宽也比对称振子天线宽。一种十三单元八木天线的 HFSS 模型如图 5.2 所示。

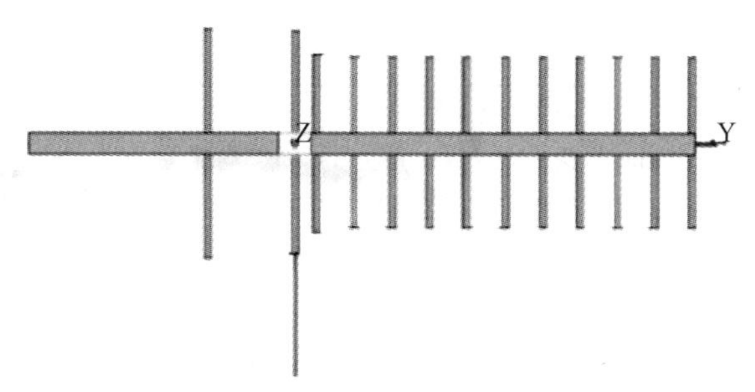

图 5.2　十三单元八木天线仿真模型

图 5.2 所示模型中，左侧最长的振子称为反射振子，起到抵消输出，降低天线方向图后瓣的作用；左侧第 2 根振子为有源振子，天线接收到的电磁波能量将经由连接该振子的电缆送入接收机；右侧较短的 11 根振子为八木天线的引向振子，其主要作用是将有源振子的最大辐射方向引向自己方位，使天线具有强方向性，提高了天线增益。

为实现双极化接收，我们将图 5.2 所示的两副八木天线组合起来，在每个振子对应的中心位置上，再布置一组与之相互正交的振子，即可得到一副正交极化的八木天线，如图 5.3 所示。每副八木天线单独馈电，并负责一种极化信号的接收。为了减小耦合影响，添加绝缘材料隔离两个有源振子的馈电点，提高天线极化隔离度。

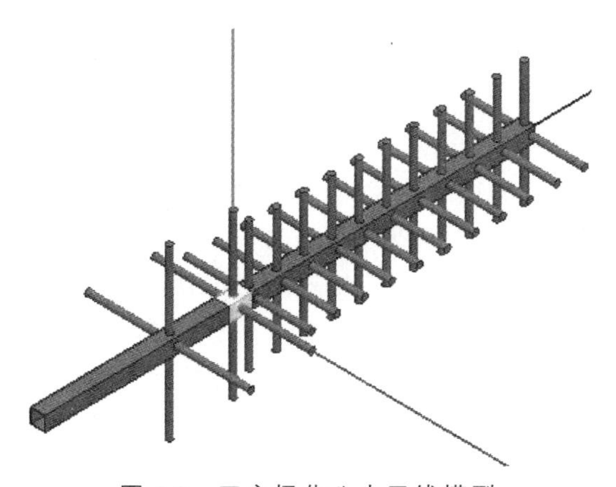

图 5.3　正交极化八木天线模型

5.1.1.3 正交极化天线性能仿真

图 5.4 所示给出了天线结构优化之后，两个正交极化通道的电压驻波比（Voltage Standing Wave Ratio，VSWR）的仿真结果。

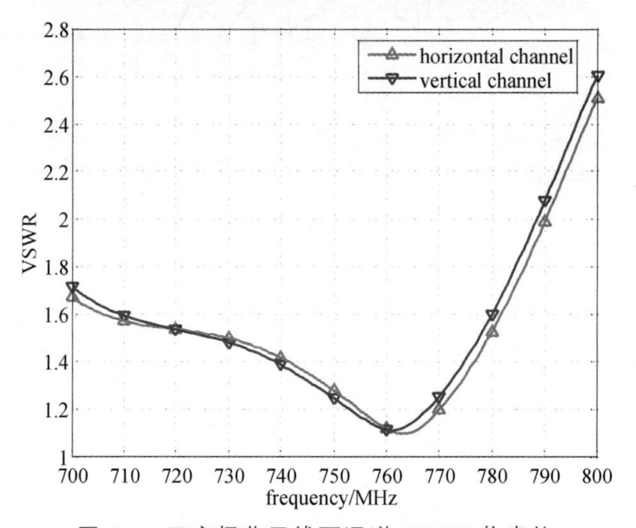

图 5.4 正交极化天线两通道 VSWR 仿真值

仿真结果显示，两个通道具有几乎一致的 VSWR，整个频带上最大的 VSWR 差值小于 0.1，表明正交极化天线的两个通道具有十分相近的效率。

图 5.5 所示给出了天线方向图在水平和垂直两个切面的仿真结果。图中结果显示，两个切面上的天线方向图基本重合，结合图 5.4 的结果，表明天线对于水平和垂直极化的信号具有相同的接收效果。正交极化天线两个通道性能仿真结果高度一致，最大限度地减小了极化天线设计对两路信号的影响，避免了不必要的接收误差，从而也给后续的极化分集信号处理带来了极大的便利。

作为正交极化天线，极化隔离度是另一个需要关注的重要指标。图 5.6 给出了极化天线两个通道之间的极化隔离度仿真结果。由图 5.6 可以看出，在整个工作频带上，天线极化隔离度都很高，振子间的耦合很小。八木天线本身属于线极化天线的一种，其交叉极化分量很小，加上采取了馈电点绝缘措施，因而将两副天线垂直组合之后，理论上不会对天线原有的性能产生显著影响。综合上述仿真结果，说明选择八木天线进行双极化天线的设计是有效且可行的。

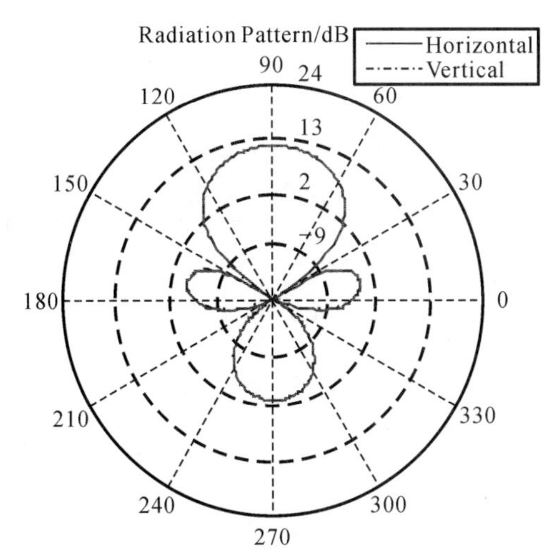

图 5.5 正交极化天线方向图水平切面和垂直切面仿真结果

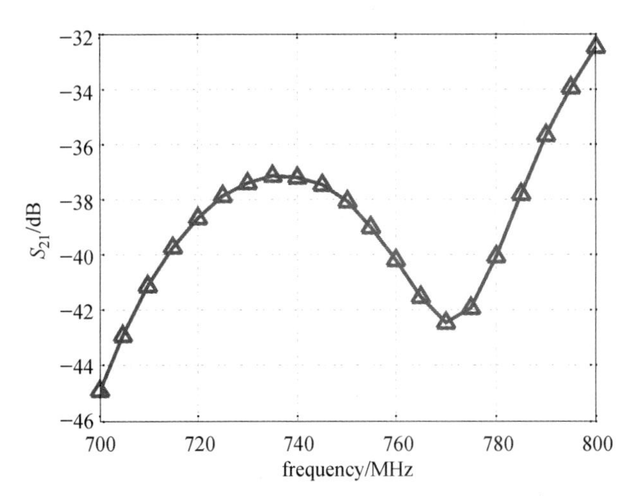

图 5.6 水平、垂直两个正交通道之间的隔离度

5.1.1.4 正交极化天线性能实测

利用 HFSS 仿真获得系统参数，依据参数设计并制作了对应的天线实物，如图 5.7 所示。

图 5.8 给出了正交极化天线两个通道的实测 VSWR 结果。与图 5.4 所示的仿真 VSWR 结果相比，实测结果 VSWR 偏高，产生该偏差的原因一部分

来源于实物模型在加工过程中存在的加工误差，另一部分来源于馈电口处所引出的电缆导致，这部分结构在仿真中并没有建模分析。

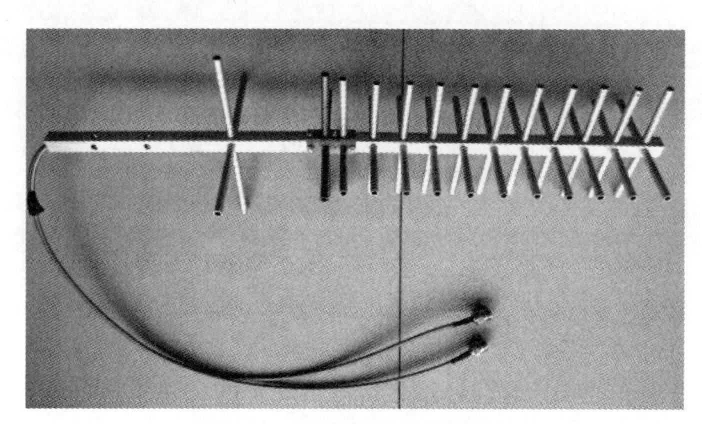

图 5.7　正交极化天线实物

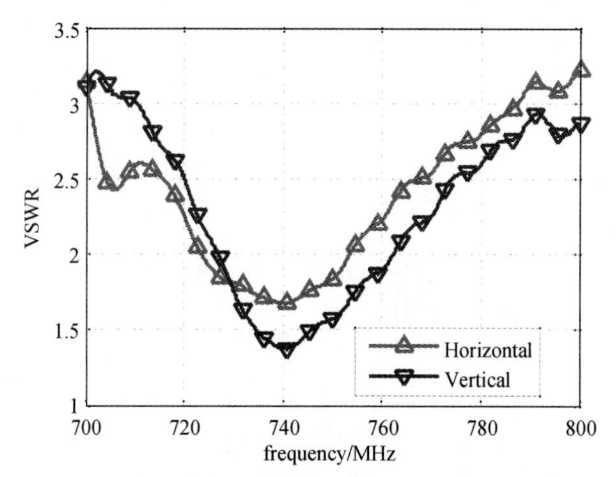

图 5.8　正交极化天线两个通道的 VSWR 实测结果

图 5.9 给出了正交极化天线两个通道之间极化隔离度的仿真和实测结果对比。从图中可以看出，相较于仿真结果，实测的极化隔离度有所下降。由于加工难度的限制，在实际加工时，馈电结构与仿真模型中的结构并不完全一致，再加上前述提到的加工误差的影响，最终导致了实测极化隔离度的偏差。

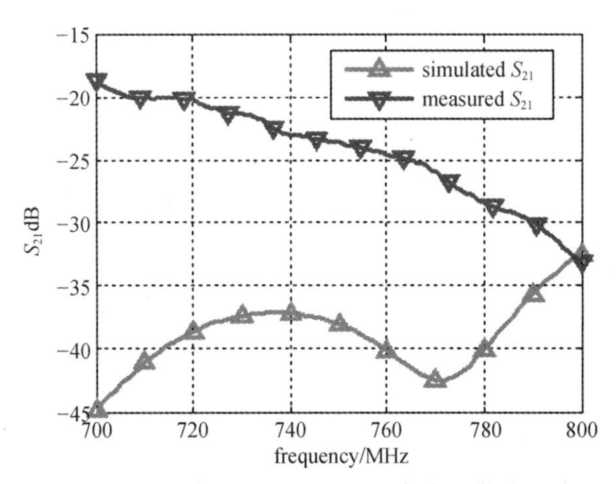

图 5.9 正交极化天线两个通道之间极化隔离度的仿真与实测结果对比

5.1.2 模拟前端

为了降低了设计难度，模拟前端采用了二次混频和固定中频方案。为了降低接收机的内部噪声，混频前加入了高增益的低噪声放大（Low Noise Amplifier，LNA）；为了避免混频器的非线性失真，在混频之前 LNA 之后加入固定衰减器和数控衰减器；最终输出 60 MHz 的固定中频。模拟前端原理如图 5.10 所示。

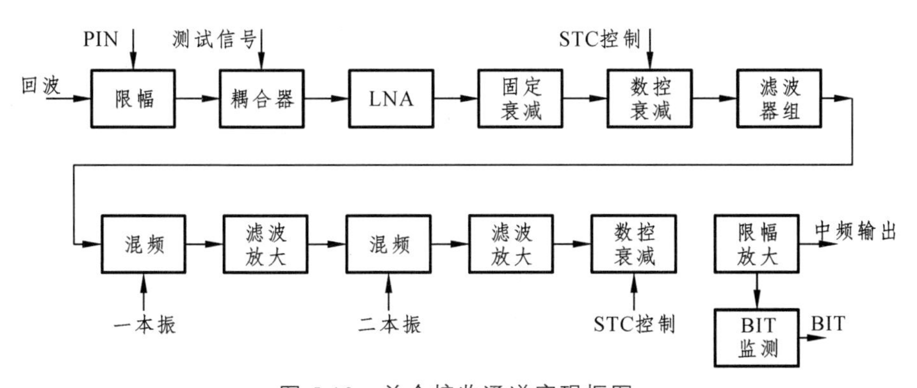

图 5.10 单个接收通道实现框图

5.1.3 数字采集系统

模拟前端输出的多通道信号通过 SMA 接口输入到多通道数据采集系统。将信号进行 80 MHz 中频采样，经过数字下变频后转换成多通道基带 I/Q 信号；基带 I/Q 信号通过 DSP 板的 LINK 口传输至信号处理板，并通过处理板的光纤接口将信号传输至带有光纤接口的 PCI-Express 卡；最后通过 PCIE 接口将信号读取至高速磁盘阵列，完成设备的信号采样及数据存储工作；或将数据传输至信号处理机完成极化阵列校准、信号重构、直达波抑制、数字波束形成、互模糊函数、峰值检测、恒虚警率检测和定位跟踪等运算，最后输出目标距离、速度和方位信息。CPCI-6840 主控板为系统主控设备，用 CPCI 时钟板来确保数据采集板的板间时钟同步。由 Altera 公司提供的数字采集板内部数字下变频 DDC 模块包括：数控振荡器 NCO、乘法器以及 FIR 抽取滤波器。以 CMMB 信号为例，NCO 输出 20 MHz 的正弦及余弦信号，将中频信号混频到基带；FIR 抽取滤波器采用两级 FIR 抽取，第一级通带截止频率为 4 MHz，阻带截止频率为 10 MHz，抽取 4 倍；第二级通带截止频率为 4 MHz，阻带截止频率为 5 MHz，抽取 2 倍，经抽取后系统实际采样率为 10 MHz。数 采集系统框图如图 5.11 所示。

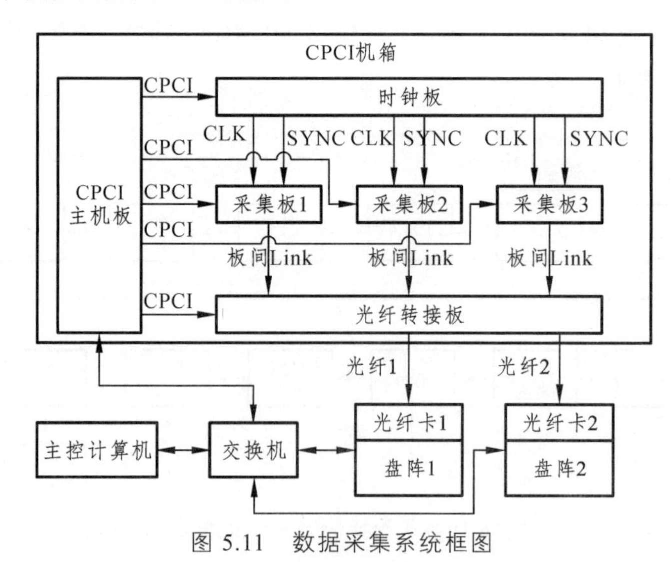

图 5.11 数据采集系统框图

5.2 实验数据处理

5.2.1 实验场景

研究团队组织开展了多次极化分集外辐射源雷达目标探测实验，其中一个实验地点位于江西省南昌市南昌大学前湖校区内，主要是监测昌北机场民航客机的起降。另一个实验地点位于武汉大学校园内，主要进行消费级无人机探测研究。

5.2.1.1 极化校准

本次校准采用有源校准方法，可以随机选择两种或多种非 0°（水平）与非 90°（垂直）发射极化方式。这是因为单独采用 0°极化发射，垂直通道信号太弱无法进行校准；同理，单独发射 90°极化信号也无法校准水平通道。本书选择 30°与 45°两种极化发射方式，如图 5.12 所示。

（a）30°极化发射

（b）45°极化发射

图 5.12 两种极化发射方式

5.2.1.2 民航客机监测

实验地点为南昌大学前湖校区，接收站位于信工楼楼顶，架设极化分集监测天线使其波束指向为昌北国际机场，架设参考天线使其波束指向数字电视广播信号发射站，发射极化方式为垂直。电磁传播路径上的多径杂波信号主要包含地杂波、建筑物散射回波以及山体散射回波等。通过 ADS-B 系统，可以得知本次实验探测目标为一架从昌北国际机场起飞的波音 737 客机，实验场景如图 5.13 所示。

图 5.13 南昌地区极化分集实验场景

在图 5.13 中，绿色扇形区域表示极化分集监测天线波束指向；蓝色扇形区域表示参考天线波束指向；黄色椭圆区域代表主要的地杂波及建筑物散射回波区域；红色椭圆区域表示山体散射回波区域。

5.2.1.3 无人机探测

极化分集监测天线波束指向东湖湖面，参考天线指向龟山电视塔，发射站极化方式为垂直。电磁波传播路径上的主要杂波包含地杂波、建筑物散射回波以及湖面散射回波。本次实验无人机飞行路径设计为从接收站飞向湖面然后返回，无人机探测实验场景如图 5.14 所示。

图 5.14 武汉地区极化分集实验场景

如图 5.14 所示，图中绿色扇形区域表示极化分集监测天线波束指向；蓝色扇形区域表示参考天线波束指向；红色椭圆区域代表东湖湖面散射回波区域；黄色椭圆区域表示地杂波以及建筑物散射回波区域。

5.2.2 极化阵列校准

5.2.2.1 谱估计验证

以 45°发射极化为例，在未进行校准时，其空域-极化域联合谱估计结果如图 5.15 所示。图 5.15 中，γ表示极化角，ϕ表示方位角，极化角估计值为 53°，方位角估计结果为 – 6°，与真实值极化角 45°、方位角 0°还存在较大偏差。分别将发射天线置于 30°与 45°极化状态，经校准后获得两组校准值[198]。

为了验证两组校准值的准确性，将两组校准值进行相互校验，即用 30°发射极化获得的校准值来校准 45°发射极化校准数据，得到联合谱估计结果如图 5.16 所示。同理，用 45°发射极化获得的校准值来校准 30°发射极化校准数据，得到联合谱估计结果如图 5.17 所示。

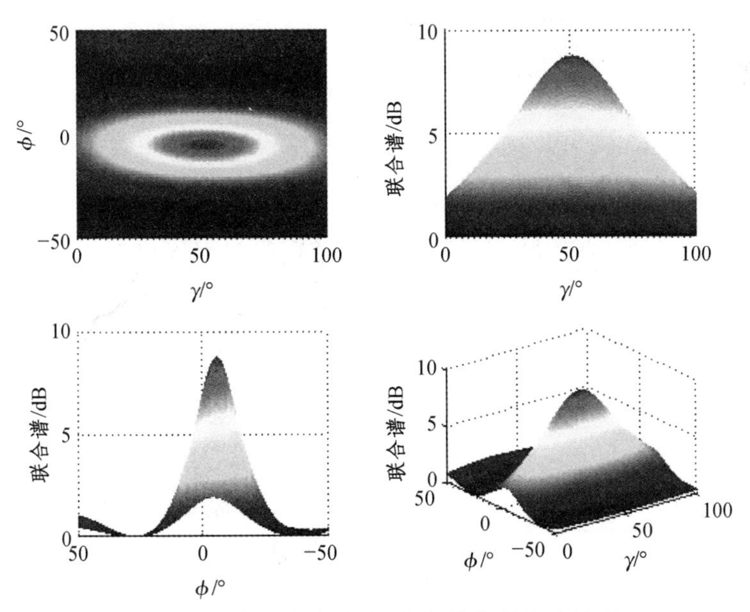

图 5.15　未校准空域-极化域联合谱估计结果

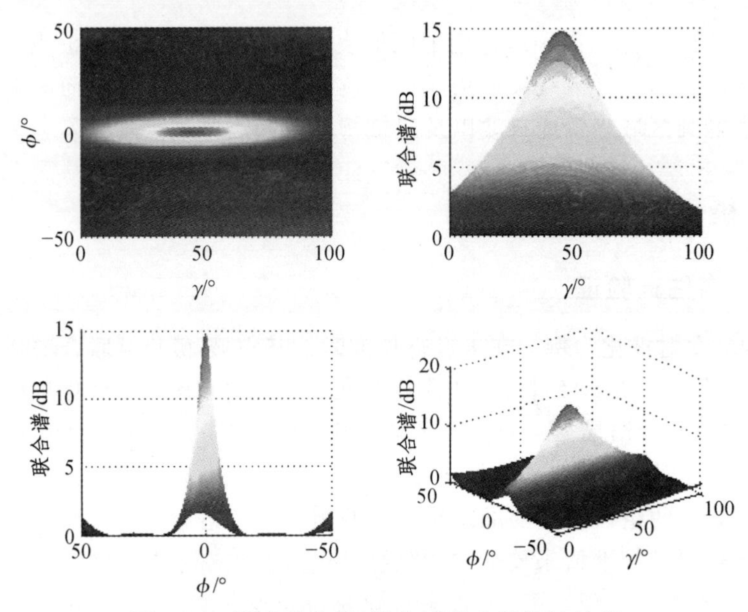

图 5.16　校准后空域-极化域联合谱估计结果

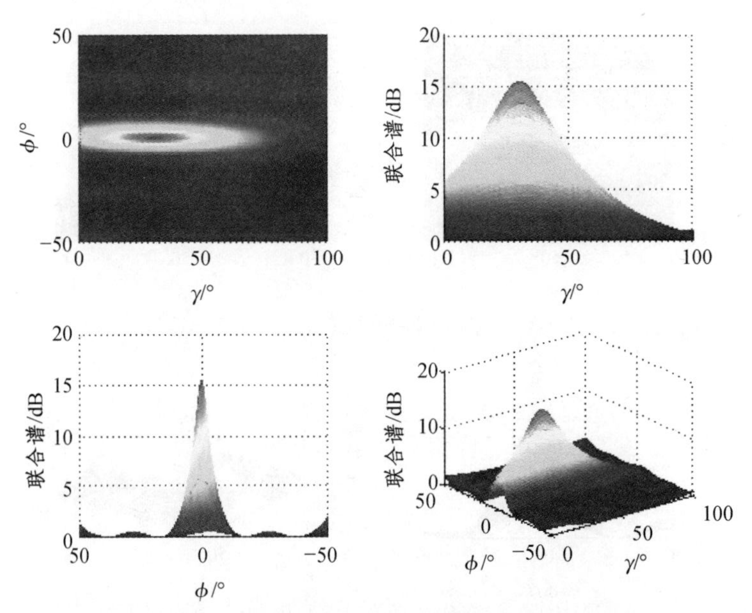

图 5.17　校准后空域-极化域联合谱估计结果

图 5.16 中，方位角估计值为 0°，与真实方位角一致；极化角估计值为 44.5°，与真实极化角仅存在 0.5°偏差。在图 5.17 中，方位角估计值为 0.5°，与真实方位角相差 0.5°；极化角估计值为 30.5°，与真实极化角存在 0.5°偏差。这两组校准值均能得到较好的校准结果，证明该校准方案是正确且有效的。

5.2.2.2 目标探测数据验证

利用一组 2016 年所采集的民航数据进行验证分析，经过极化滤波后，未校准数据与校准后的数据 RD 谱对比结果如图 5.18 所示。

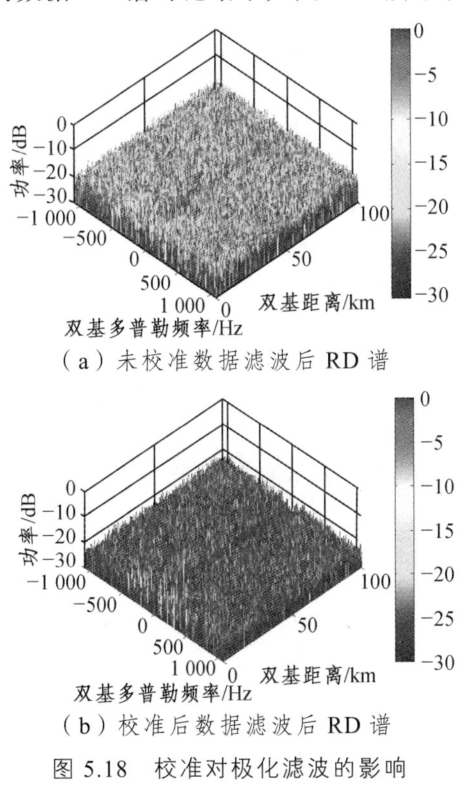

（a）未校准数据滤波后 RD 谱

（b）校准后数据滤波后 RD 谱

图 5.18　校准对极化滤波的影响

通过对比图 5.18 中（a）与（b）的 RD 谱可以发现，未校准数据 RD 谱中目标信噪比为 29.5 dB，而经过校准后数据的 RD 谱中，目标信噪比达到 32.5 dB，校准前后目标信噪比提升了 3 dB，由此可见极化阵列校准与否对极化滤波器性能将会产生一定影响，这证明了极化校准的必要性。

5.2.3 基于子载波处理技术的极化滤波实验

为了获得较好的杂波抑制效果，同时又能验证极化滤波新方法的有效性，不采用空域滤波方法，只选择一副正交极化天线两个通道的数据进行时域滤波与极化滤波处理。本系列实验所利用的第三方照射源为基于 CP-OFDM 模式的 CMMB 信号。在实测结果分析中，将会对常规极化滤波方法与 SCPF 方法处理结果对比分析。

5.2.3.1 民航客机监测实验

实验数据采集于 2016 年 7 月，根据 ADS-B 数据显示，本次监测目标为波音 737 客机。选取该次实验第 50 帧数据进行滤波处理，图 5.19（a）展示的是经过常规极化滤波方法处理后的 RD 谱。图 5.19（b）展示的是经过 SCPF 方法处理后的 RD 谱。

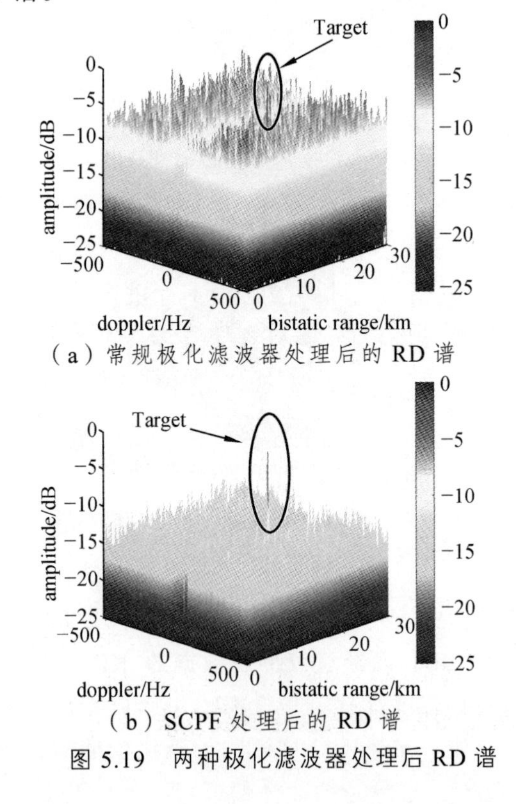

（a）常规极化滤波器处理后的 RD 谱

（b）SCPF 处理后的 RD 谱

图 5.19 两种极化滤波器处理后 RD 谱

相较于常规极化滤波器，SCPF不再受到幅度调制因子的影响，因此其具有更好的干扰、杂波抑制效果[199]。

实测数据经过滤波、检测处理后，将检测点迹与ADS-B记录真实航迹对比，获得目标真实点迹，并估计每个相干处理后的目标信噪比，最终得到图5.20所示结果。

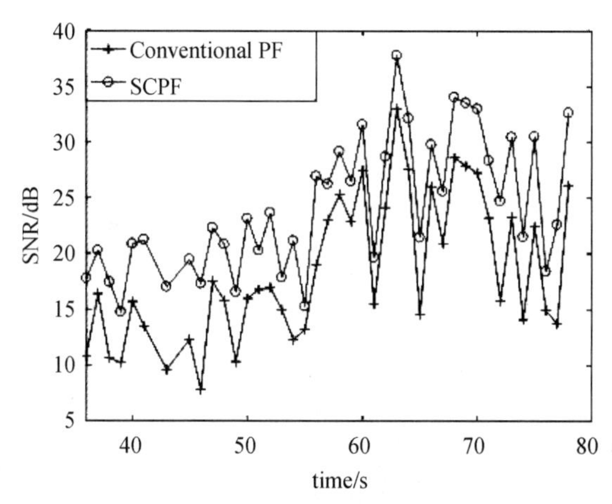

图 5.20　两种滤波方法处理后的目标SNR变化

从图5.20可以明显看出，采用常规方法目标信噪比在整个监测时间段内均低于SCPF方法。这是因为常规方法容易受幅度调制因子影响，使其滤波性能急剧下降，而改进后的新方法对于环境扰动具有更好的鲁棒性。

5.2.3.2　无人机探测实验

无人机探测实验数据采集于2017年1月，探测目标为大疆精灵系列无人机。选取该次实验第15帧数据进行滤波处理，图5.21（a）所示为常规极化滤波方法处理后的距离多普勒（RD）谱，图5.21（b）所示为SCPF处理后的RD谱。

在图5.21（a）和图5.21（b）中都能看到明显的目标峰值，但是图5.21（b）中目标的信噪比要明显高于图5.21（a）中的值，这反映了改进后的极化滤波方法杂波抑制性能优于常规极化滤波方法。

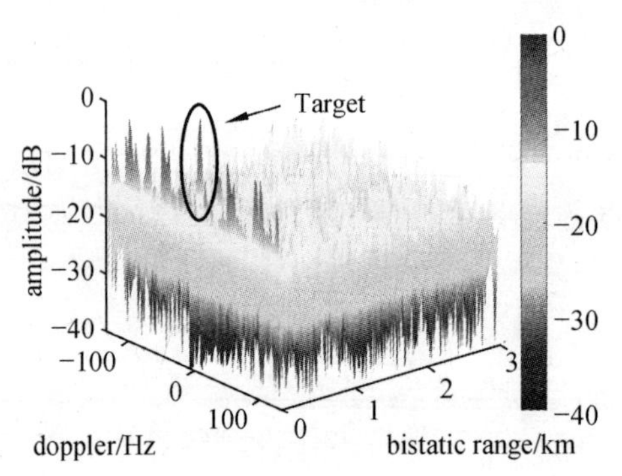

（a）常规极化滤波器处理后的 RD 谱

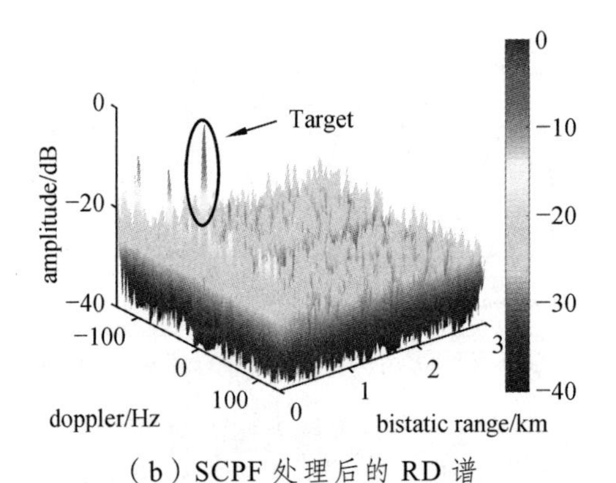

（b）SCPF 处理后的 RD 谱

图 5.21 两种极化滤波器处理后的 RD 谱

同样，经过与无人机 GPS 记录航迹对比后，确认目标并提取目标信噪比，其中，无人机飞行路径 1 为从接收站到湖面，展示结果如图 5.22（a）所示，飞行路径 2 为从湖面返回接收站，展示结果如图 5.22（b）所示。

在图 5.22（a）与图 5.22（b）中，SCPF 方法仍然具有最优的杂波抑制性能，在整个探测时间段内，目标 SNR 均高于常规极化滤波方法处理后的结果。因此，通过实验结果分析验证了 SCPF 方法具有优于常规极化滤波方法的杂波抑制性能。

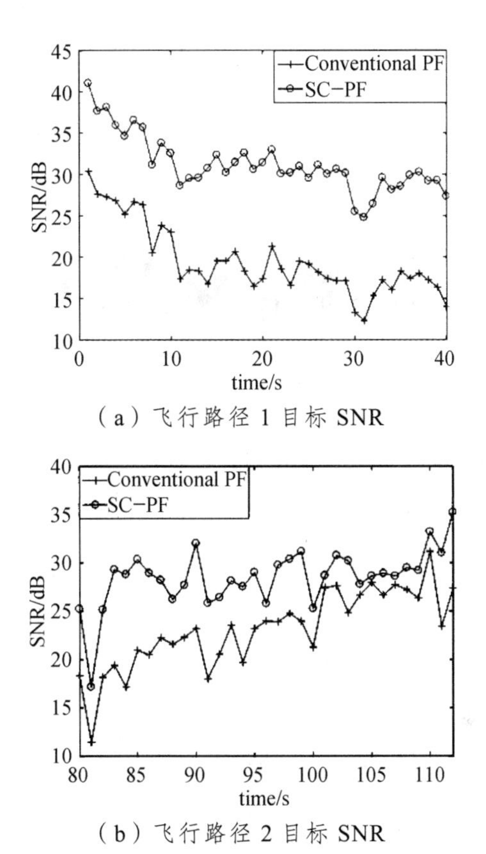

（a）飞行路径 1 目标 SNR

（b）飞行路径 2 目标 SNR

图 5.22　无人机探测飞行路径目标 SNR

5.2.4　极化分集合并实验

5.2.4.1　目标极化散射特性

利用 PRPD 系统对起降的民航客机进行监测[200]，通过实验数据的分析，我们发现一个现象：监测通道中，垂直通道与水平通道接收的数据不进行杂波抑制，直接进行二维互相关处理，在某些时刻，同极化通道数据的距离多普勒谱中无法观测到目标信号，而正交极化通道数据的距离多普勒谱中却能观测到明显的目标峰值，如图 5.23 所示，这说明在某些时刻，目标正交极化散射不一定弱于同极化散射。

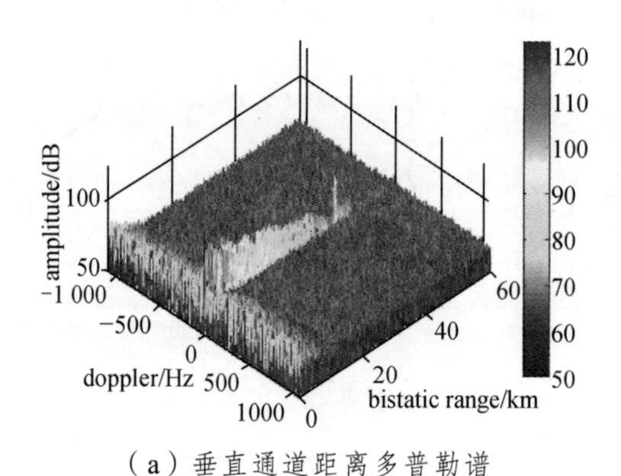

（a）垂直通道距离多普勒谱

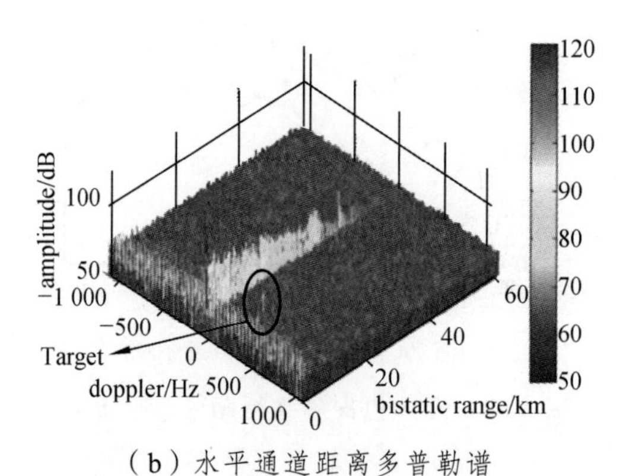

（b）水平通道距离多普勒谱

图 5.23　垂直/水平通道未进行杂波抑制的距离多普勒谱

在图 5.24 中，杂波抑制后，数据处理结果表明，在该目标出现的 26 s 时间内，其 PAR 并非处于平稳状态，而是存在剧烈的波动。当 PAR 大于 1 时，表明目标水平极化分量强于垂直极化分量，而在该组数据中，有 13 s PAR 都是处于大于 1 的状态。种种现象表明，不同极化信道对目标回波信号具有独立的衰减特性，利用这些特性可以在极化分集合并方面展开研究工作。

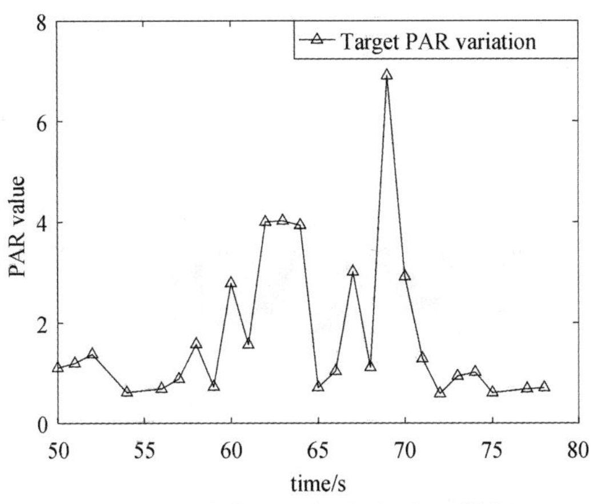

图 5.24 波音 737 极化幅度比特性

5.2.4.2 极化分集加权合并

PDWC 是一种加权合并方式[201]。实验采用极化天线阵列，经过校准、杂波抑制及匹配滤波后，水平、垂直两路数据进入 PDWC，对合并输出结果进行恒虚警检测。

本实验采用两阵元极化天线阵列进行实验，采用空域与时域滤波相结合的方法，选取一组采集于 2016 年 7 月的民航客机的监测数据进行分析，实验场景如图 5.13 所示。滤波方法采用时域滤波与空域滤波，检测方法采用 CA-CAFR，虚警概率设置为 10^{-6}，目标自昌北机场起飞，从东北向西南方向飞行，如图 5.25 所示。

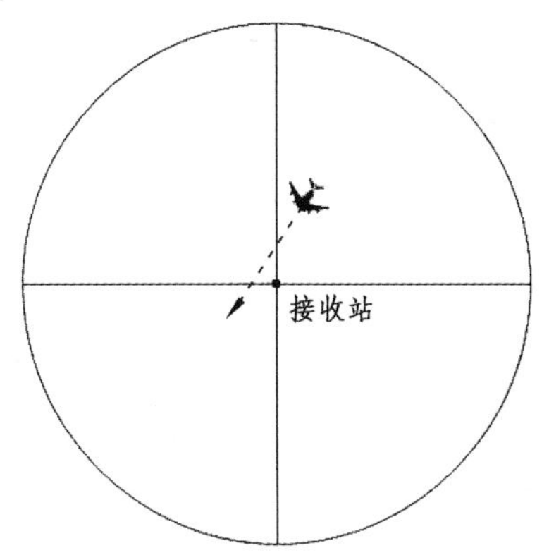

图 5.25 目标航线与接收站的位置关系

图 5.26（a）、（b）和（c）分别为 DPDWC 与垂直通道检测、水平通道检测以及多 P-NCI 的检测效果对比。

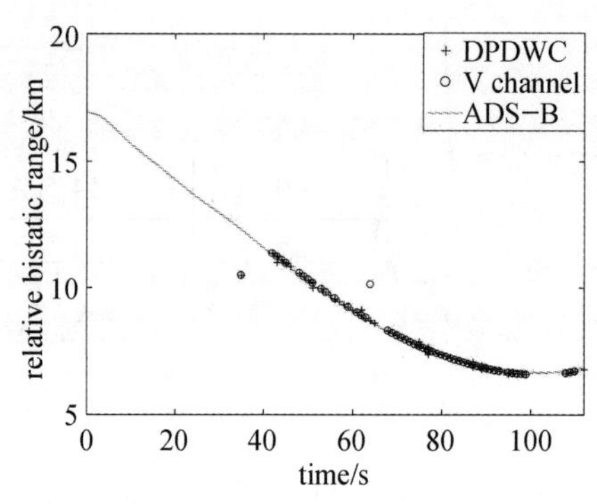

（a）DPDWC 与垂直通道检测结果对比

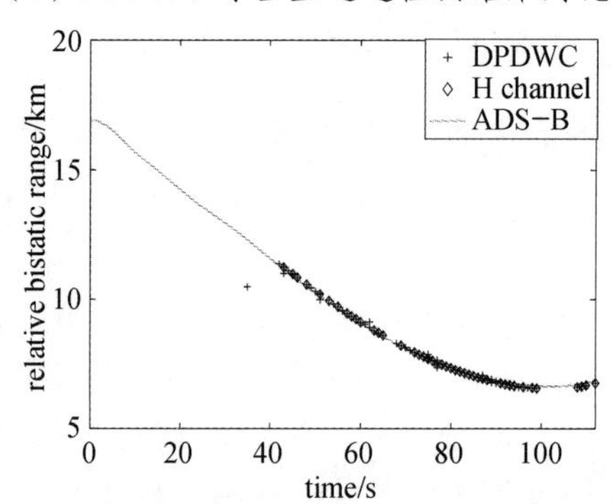

（b）DPDWC 与水平通道检测结果对比

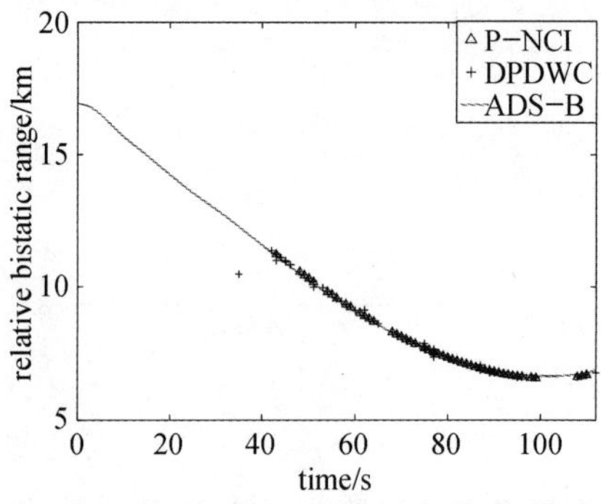

（c）DPDWC 与 P-NCI 检测方法结果对比

图 5.26　DPDWC 与三种检测方式检测结果对比

经过 PDWC 合并输出，DPDWC 检测性能相对于单通道检测及 P-NCI 检测均有提升，具体统计结果如表 5.1 所示。

表 5.1　检测结果统计

		数据长度/帧	检测点数	检测率/%	性能提升/%
极化分集数据	V	110	49	44.5	8.2（V） 14.5（H） 9.7（P-NCI）
	H		42	38.2	
	P-NCI		47	43	
	DPDWC		58	52.7	

从表中可以看出采用 DPDWC 方法，检测效率比垂直单极化通道提升 8.2%，比水平单极化通道提升 14.5%，比 P-NCI 提升 9.7%。

5.3　本章小结

本章详细介绍了自主研发的多通道 PRPD 系统，并基于外场试验验证了本文所提理论、方案的正确性及方法、技术的可行性。本章的主要研究内容如下：

（1）给出了一种 PRPD 实验系统，详细介绍了极化天线、模拟前端及数字采集系统三个部分，重点介绍了极化天线的设计、仿真及实测过程。

（2）结合第 4 章极化校准内容，进行了基于校准数据的谱估计与极化滤波方法分析。结果表明校准是进行 PRPD 探测实验的重要前提，校准后系统 DOA 估计精度提高，极化滤波器杂波抑制效果提升 3 dB。

（3）结合第 3 章的理论与仿真研究，先后在南昌与武汉两地进行了外场实验，分别对波音 737 客机与大疆精灵无人机进行了目标探测实验。实验结果表明所提极化滤波方法能避免因多径杂波扰动引起的幅度调制效应，具有比常规极化滤波方法更好的杂波抑制性能。

（4）结合第 4 章研究内容，基于南昌实验的数据分析了波音 737 客机的 PAR 特性，采用 DPDSC 方法，检测效率比垂直单极化通道提升 8.2%，比水平单极化通道提升 14.5%，比 P-NCI 的检测器提升 9.7%。

第 6 章

结束语

6.1 本文内容总结

外辐射源雷达以其成本较低、绿色环保、隐蔽性好等诸多优势成为新体制雷达研究领域的重点。PRPD 集成了极化分集的优点，成为这一领域的研究热点之一。本文结合干扰与目标的极化散射特性，开展 PRPD 信号处理相关研究。从极化信号的基本表征形式入手，推导了 PRPD 信号模型，贯通了极化天线设计、极化阵列校准及极化信息处理整个流程；借鉴无线通信领域的分集合并技术，提出了一种基于 PDWC 的检测方法；针对常规极化滤波器受幅度调制因子影响的问题，提出了一种基于子载波处理技术的极化滤波方法。本书所涉及理论、方法和技术为 PRPD 的发展及应用奠定了坚实的基础。

本文主要工作归纳如下：

1. 基于子载波处理技术的极化滤波方法

极化滤波技术是极化信息处理流程中的关键技术之一，滤波器性能的优劣直接影响到后续目标检测与跟踪效果。常规极化滤波方法在 PRPD 应用中容易受到多径杂波环境导致的幅度调制效应影响，使滤波器性能严重下降。本书深入研究了 PRPD 多径杂波幅度调制机理，利用第三方照射源信号 CP-OFDM 调制的结构特点及直达波与零多普勒杂波在子载波域的相关特性，采用子载波处理技术，有效提高了 PRPD 干扰、杂波抑制性能；同时针对杂波抑制对目标幅度、相位造成的影响，提出了一种目标信号补偿方案。仿真和实测数据表明，该方法比常规方法具有更好的直达波与多径杂波抑制性能。

2. 目标极化散射特性研究

空中目标在不同极化电磁波照射下，随着入射角与反射角的变化，其散射回波中各极化分量均存在闪烁效应。本书深入研究了某一型号民航客机双基地极化散射特性，利用三维电磁仿真软件 HFSS 建立电磁计算仿真模型，并针对双基地 RCS 及目标 PAR 进行统计分析。仿真与实测数据分析表明，该型号客机在实验频率下，当入射电磁波为垂直极化时，同极化接收 SNR 并未明显优于正交极化接收信号。

3. 极化分集合并技术

本书针对 P-NCI 检测方法易受极化通道间 SNR 不平衡的影响，导致检测效果不稳定问题，提出了一种基于 PDWC 的检测方法。首先介绍了信号处理流程；然后分析了 P-NCI 检测方法的优点与不足；最后基于所提新方法进行了检测性能分析。实验结果表明，基于 PDWC 的检测方法具有更好的稳定性，能改善目标检测效果。

4. 极化天线设计及阵列校准

在综合考虑设计难度、成本、便携性及性能前提下，基于八木天线结构设计了一款正交极化天线。本书贯通了天线选型、电磁仿真天线建模、天线性能仿真分析及天线性能实验测试等环节，实现了极化天线的自主设计与测试。针对极化天线阵列校准问题，设计了一种校准方案；分析极化阵列误差产生原因，建立了误差模型，并研究了误差对 DOA 估计及极化滤波性能产生的影响。通过实验分析了校准对 PRPD 系统探测性能的影响，校准后系统 DOA 估计精度提高，极化滤波器杂波抑制效果提升 3 dB。

5. 外场实验

本书组织开展了基于极化分集技术的外辐射源雷达外场实验，利用实测数据对书中所提方法进行了验证。本书进行了极化天线设计测试、极化阵列校准、滤波方法及基于 PDSC 的检测方法实验，实验结果表明了本书所提设计方案、技术及算法的正确性与有效性。

6.2 工作展望

PRPD 研究才刚刚起步，目前主要集中在理论研究和前期探索实验阶段。本书从极化天线设计、极化阵列校准、极化滤波方法及极化分集合并检测方法等方面进行研究，给出了理论推导及实验结果。然而，PRPD 是一个复杂的课题，随着研究进一步深入，将会面临更多需要解决的问题。关于本文研究存在的不足及需要进一步研究的工作总结如下：

1. 极化滤波技术

本书所提的基于子载波处理技术的极化滤波方法，利用直达波与多径杂波在子载波域的相关特性，能有效避免幅度调制效应对极化滤波器性能的影响，但是如果面对“动杂波”（多径杂波含有多普勒信息）时，其与直达波的相关性被破坏，如何保证该算法的有效性是接下来研究工作的重点。

2. 极化阵列校准

本书基于极化阵列误差模型提出了一种校准方案。该方案基于天线及传输电缆固有的幅相误差，并未考虑天线间耦合等其他因素。下一步工作可以从阵列误差着手，建立更加完备的误差模型。

3. 系统组网探测

雷达组网是扩大雷达探测范围，提升雷达系统稳定性的重要途径。本书研究聚焦于单部 PRPD，下一步的工作重点可以延伸到系统组网探测，研究内容可分为站位优化、多站极化数据融合等。

4. 基于极化分集的目标分类与识别

目标分类与识别是利用雷达回波中的幅度、相位、频谱和极化等目标特征信息，通过数学上的各种多维空间变换来估算目标的大小、形状、质量等物理特性参数，从而达到对目标进行分类与识别的目的。不同大小、结构、材料与运动轨迹的目标，其极化散射特性存在差异。实验研究发现，民用航空飞行器与旋翼无人机的 PAR 特性存在较大差异，并且旋翼无人机在不同飞行姿态下 PAR 变化特征十分明显，这为 PRPD 目标分类、识别提供了初步的实验支持。如何深入发掘这一现象，提供必要的理论支撑将是下一步研究的重点。

参考文献

[1] GRIFFITHS H D. From a different perspective：principles，practice and potential of bistatic radar[C]. International Radar Conference，Australia，2003：1-7.

[2] KUSCHEL H，O'HAGAN D. Passive radar from history to future[C]. International Radar Symposium，Vilnius，Lithuania，2010：1-4.

[3] 王 俊，张守宏，保 挣. 基于外照射源的无源相干雷达系统及其关键问题[J]. 电波科学学报，2005，20（3）：381-385.

[4] 赵志欣. 高频外辐射源雷达新体制与信号处理若干关键技术研究[D]. 武汉：武汉大学，2013.

[5] 易建新. 单频网外源雷达信息感知新方法研究[D]. 武汉：武汉大学，2016.

[6] 王雪松. 宽带极化信息的处理研究[D]. 长沙：国防科学技术大学，1999.

[7] 徐振海. 极化敏感阵列信号处理的研究[D]. 长沙：国防科学技术大学，2004.

[8] 李永祯. 瞬态极化统计特性及处理的研究[D]. 长沙：国防科学技术大学，2004.

[9] 施龙飞. 雷达极化抗干扰技术研究[D]. 长沙：国防科学技术大学，2007.

[10] 庄钊文，肖顺平，王雪松. 雷达极化信息处理及其应用[M]. 北京：国防工业出版社，1999.

[11] 庄钊文，徐振海，肖顺平，等. 极化敏感阵列信号处理[M]. 北京：国防工业出版社，2005.

[12] 曾清平，闫世强. 雷达极化技术与极化信息应用[M]. 北京：国防工业出版社，2006.

[13] WILLIS N J. Bistatic radar[M]. Artech House. 1991.

[14] GRIFFITHS H，WILLIS N. Klein Heidelberg：the first modern bistatic radar system[J]. IEEE Transactions on Aerospace and Electronic Systems，2010，46（4）：1571-1588.

[15] 刘玉琪，易建新，万显荣，等. 数字电视外辐射源雷达多旋翼无人机微多普勒效应实验研究[J]. 雷达学报，2018，7（5）：585－592.

[16] SCHRODER A，EDRICH M，WOLSCHENDORF F. Multiband experimental PCL system：Concept and measurement results[C]. International Radar Symposium，Vilnius，Lithuania，2010：1-4.

[17] KUSCHEL H，HECKENBACH J，MULLER S，et al. On the potentials of passive, multistatic, low frequency radars to counter stealth and detect low flying targets[C]. IEEE Interference Radar Conference, Rome, Italy, 2008：1-6.

[18] MILLET N，KLEIN M. Passive radar air surveillance：Last results with multi-receiver systems[C]. International Radar Symposium，Leipzig，Germany，2011：281-285.

[19] GRIFFITHS H D，BAKER C J. Passive coherent location radar systems. Part 1：performance prediction[J]. IEE Proceedings Radar，Sonar and Navigation. 2005，152（3）：153-159.

[20] LOMBARDO P，COLONE F，BONGIOANNI C，et al. PBR activity at INFOCOM：Adaptive processing techniques and experimental results[C]. IEEE Radar Conference，Rome，Italy，2008：1-6.

[21] MALANOWSKI M，KULPA K，SAMCZYNSKI P，et al. Experimental results of the PaRaDe passive radar field trials[C]. International Radar

Symposium，Warsaw，Poland，2012：65-68.

[22] BENAVOLI A，CHISCI L，DI LALLO A，et al. Design and development of a signal and data processor test bed for a passive radar in the FM band[C]. IET International Conference on Radar Systems，Edinburgh，UK，2007：1-5.

[23] 王俊，保铮，张守宏. 基于外照射源的无源相干雷达系统及其关键问题[J]. 电波科学学报，2005，20（3）：381-385.

[24] 赵兴浩，陶然. 无源雷达 GSM 信号模糊函数研究[J]. 现代雷达，2004，26（2）：31-34.

[25] 杨广平. 外辐射源雷达关键技术研究[J]. 现代雷达，2008，30（8）：5-9.

[26] CAO X M，GONG Z P，RAO Y H，et al. Design of Wideband Receiving Antenna for VHF /UHF Band Passive Radar[J]. International Journal of RF and Microwave Computer-Aided Engineering，2022，32（4）：1-11

[27] CAO X M，YI J X，GONG Z P，et al，Wan X. R. Data Fusion of Target Characteristic in Multistatic Passive Radar[J]. Journal of Systems Engineering and Electronics，2021，32（4）：811-821.

[28] WAN X R，YI J X，ZHAO Z X，et al. Experimental Research for CMMB-Baesd Passive Radar Under a Multipath Environment[J]. IEEE Transactions on Aerospace and Electronic Systems，2014，50（1）：70-85.

[29] ZHAO Z X，WAN X R，ZHANG D L，et al. An Experimental Study of HF Passive Bistatic Radar Via Hybrid Sky-Surface Wave Mode[J]. IEEE Transactions on Antennas and Propagation，2013，61（1）：424-424.

[30] WANG H，WANG J，LI H. Target detection using CDMA based passive bistatic radar[J]. Journal of Systems Engineering and Electronics，2012，23（6）：858-865.

[31] WANG Y，BAO Q，WANG D，et al. An experimental study of passive bistatic radar using uncooperative radar as a transmitter[J]. IEEE Geoscience and Remote Sensing Letters，2015，12（9）：1868-1872.

[32] POELMAN A J. Virtual polarisation adaptation：A method for increasing

the detection capability of a radar system through polarisation-vector processing[J]. IEE Proceedings F-Communications，Radar and Signal Processing，1981，128（5）：261-270.

[33] POELMAN A J. Polarisation-vector translation in radar systems[J]. IEE Proceedings F-Communications，Radar and Signal Processing，1983，130（2）：161-165.

[34] POELMAN A J. Nonlinear polarization-vector translation in radar system：A promising concept for real-time polarization-vector signal processing via a single-notch polarization suppression filter[J]. IEE Proceedings F-Communications，Radar and Signal Processing，1984，131（5）：451-465.

[35] POELMAN A J，GUY J R F. Multinotch logic-product polarization suppression filter：a typical design example and its performance in a rain clutter environment[J]. IEE Proceedings F-Communications，Radar and Signal Processing，1984，137（7）：383-396.

[36] GIULI D，FOSSI M，GHERAADELLI M. A technique for adaptive polarization filtering in radars[C]. International Radar Conference，Arlington，Virginia，1985，213-219.

[37] GHERAADELLI M，GIULI D，FOSSI M. Suboptimum polarization cancellers for dual polarisation radars[J]. IEE Proceedings，1988，135（1）：60-72.

[38] GHERAADELLI M. Adaptive polarisation suppression of intentional radar disturbance[J]. IEE Proceedings，1990，137（6）：407-416.

[39] 张国毅，刘永坦. 高频地波雷达多干扰的极化抑制[J]. 电子学报，2001，29（9），1206-1209.

[40] 曾清平，李锐，郭亨远. 自适应极化系统抗多干扰的效能分析[J]. 空军雷达学院学报，2001，15（3）：25-28.

[41] 曾清平，李锐，郭亨远. 变极化技术反干扰的效能分析[J]. 现代雷达，2001，5：72-76.

[42] WANG X S，XIAO S P，TAO H M，et al. Nonlinear optimization method of radar target polarization enhancement[J]. Process in Natural Science，2000，10（2）：136-140.

[43] 王雪松，肖顺平，庄钊文. 极化轨道约束下的最优极化（一）[J]. 微波学报. 1997，13（1）：33-42.

[44] 王雪松，肖顺平，庄钊文. 极化轨道约束下的最优极化（二）[J]. 微波学报. 1997，13（3）：216-238.

[45] 王雪松，肖顺平，庄钊文. 极化轨道约束下的最优极化（三）[J]. 微波学报. 1999，15（2）：105-114.

[46] 王雪松，汪连栋，肖顺平. 自适应极化滤波的理论性能分析[J]. 电子学报，2004，32（4）：1326-1329.

[47] 王雪松，庄钊文，肖顺平. SINR 极化滤波器通带性能研究[J]. 微波学报，2000，16（1）：29-33.

[48] WANG X S，CHANG Y L，DAI D H，et al. Band characteristic of SINR polarization filter[J]. IEEE Trans. On Antennas and Propagation，2007，55（4）：1148-1154.

[49] MAO X P，LIU Y T，DENG W，et al. Sky wave interference of high frequency surface wave radar[J]. Electron Letters，2004，40（15）：968-969.

[50] 毛兴鹏，刘永坦，邓维波. 零相移瞬时极化滤波器[J]. 电子学报，2004，32（9）：1495-1498.

[51] MAO X P，LIU Y T. Null phase-shift polarization filtering for high-frequency radar[J]. IEEE Transactions on Aerospace and Electronic Systems，2007，43（4）：1397-1408.

[52] 毛兴鹏，刘永坦，邓维波. 频域零相移多凹口极化滤波器[J]. 电子学报，2008，36（3）：537-542.

[53] 毛兴鹏，刘爱军，邓维波，曹斌，张钦宇. 斜投影极化滤波器[J]. 电子学报，2010，38（9）：2003-2008.

[54] MAO X P，LIU A J，HOU H J，et al. Oblique projection polarisation filtering for interference suppression in high-frequency surface wave radar[J]. IET Radar，Sonar and Navigation，2012，6（2）：71-80.

[55] 张国毅. 高频地波雷达极化抗干扰技术研究[D]. 哈尔滨：哈尔滨工业大学，2002.

[56] 徐振海，王雪松，肖顺平，等. 极化自适应递推滤波算法[J]. 电子学报，2002，30（4）：608-610.

[57] 徐振海，王雪松，肖顺平，等. 极化敏感阵列滤波性能分析：完全极化情形[J]. 电子学报，2004，32（8）：1310-1313.

[58] 徐振海，王雪松，肖顺平，等. 极化敏感阵列滤波性能分析：相关干扰情形[J]. 通信学报，2004，25（10）：8-15.

[59] 徐振海，肖顺平，张光义. 极化阵列天线的性能优势与应用前景[J]. 现代雷达，2008，30（2）：6-9.

[60] 代大海，王雪松，肖顺平，等. 电磁波极化变换的数学原理及其性质[J]. 中国科学（G 辑：物理学 力学 天文学）. 2008，38（10）：1301-1311.

[61] 施龙飞，王雪松，肖顺平，等. 干扰背景下雷达目标最佳极化的分布估计方法[J]. 自然科学进展，2005，15（11）：1324-132.

[62] 施龙飞，王雪松，肖顺平. 转发式假目标干扰的极化鉴别[J]. 中国科学（E 辑）. 2009，39（4）：468-475.

[63] 施龙飞，帅鹏，王雪松，等. 极化调制假目标干扰的极化鉴别[J]. 信号处理，2008，24（6）：894-899.

[64] 施龙飞，王雪松，肖顺平. 低空镜像角闪烁的极化抑制[J]. 电波科学学报，2008，6（23）：1038-1044.

[65] 施龙飞，王雪松，徐振海，等. APC 迭代滤波算法与性能分析[J]. 电子与信息学报，2006，28（9）：1560-1564.

[66] 施龙飞，李盾，王雪松，等. 弹道导弹动态全极化一维像仿真研究[J]. 宇航学报，2005，26（3）：344-348.

[67] 施龙飞，周颖，李盾，等. LFM 脉冲雷达恒虚警检测的多假目标干扰

研究[J]. 系统工程与电子技术，2005，27（5）：818-822.

[68] 李金梁，来庆福，李永祯，等. 基于极化对比增强的导引头抗箔条算法[J]. 系统工程与电子技术，2011，33（2）：268-271.

[69] 来庆福，赵晶，冯德军，等. 斜投影极化滤波的雷达导引头抗箔条干扰方法[J]. 信号处理，2011，27（7）：1016-1021.

[70] 戴幻尧，李永祯，刘勇，等. 单极化雷达的空域零相移干扰抑制极化滤波器[J]. 系统工程与电子技术，2011，33（2）：290-295.

[71] 周万幸. 一种新型极化抗干扰技术研究[J]. 电子学报，2009，37（3）：454-458.

[72] 徐振海，张亮，吴迪军，等. 交替极化阵列滤波性能研究[J]. 国防科技大学学报，2012，34（5）：49-54.

[73] 李永祯，程旭，李棉全，等. 极化信息在雷达目标检测中的得益分析[J]. 现代雷达，2013，35（2）：35-39.

[74] 张曙，田园，刘彤，等. 衰落信道数字通信基础[M]. 哈尔滨：哈尔滨工程大学出版社，2010.

[75] SIMON M K，ALOUINI M S. Digital Communication over Fading Channels[M]. New York：Wiley，2005.

[76] 郭冬梅. 无线通信中分集合并技术的研究[D]. 哈尔滨：哈尔滨工程大学，2010.

[77] CAO X M，YI J X，GONG Z P，et al. Automatic Target Recognition Based on RCS and Angular Diversity for Multistatic Passive Radar[J]. IEEE Transactions on Aerospace and Electronic Systems，2022，58（5）：4226-4240.

[78] LORPHICHIAN A，POMSATHIT A，NAKASUWAN J，et al. Performance analysis of space diversity for OFDM transmission[C]. International Conference on Control，Automation and Systems，Seoul，Korea，2008：1797-1801.

[79] JONG S L，AMICO M D，DIN J，et al. Performance of time diversity technique in heavy rain region[C]. International Symposium on Antennas

and Propagation Conference Proceedings，Kaohsiung，Taiwan，2014：575-576.

[80] CAO X M，YI J X，GONG Z P，et al. Automatic Target Recognition Combining Angular Diversity and Time Diversity for Multistatic Passive Radar[J]. Science China Information Sciences，2022，65（7）：179303：1-179303：2

[81] 柳阳. 基于频率分集阵列的抗干扰方法研究[D]. 西安：西安电子科技大学，2018.

[82] VALENZUELA-VALDES J F，GARCIA-FERNANDEZ M A，MARTINEZ-GONZALEZ A M，et al. The Role of Polarization Diversity for MIMO Systems Under Rayleigh-Fading Environments[J]. IEEE Antennas and Wireless Propagation Letters，2006，5：534-536.

[83] 张芳. PM 体制下极化分集合成技术研究[D]. 北京：燕山大学，2004.

[84] 王明伟，张会生，李立欣，等. 基于极化分集的 DF 机会中继协作通信系统性能分析[J]. 科学技术与工程，2017，17（19）：47-52.

[85] ZHANG X D，BEAULIEUN C. SER of threshold based hybrid selection/maximal ratio combining in correlated Nakagami fading[J]. IEEE Transactions on Communications，2005，53（9）：1423-1426.

[86] ANNAVAJJALA R. A simple approach to error probability with binary signaling over generalized fading channels with maximal ratio combining and noisy channel estimates[J]. IEEE Transactions on Wireless Communications，2005，4（2）：380-383.

[87] ZHANG X D，BEAULIEU N C. Error Rate of Quadrature Subbranch Hybrid Selection/ Maximal-Ratio Combining in Rayleigh Fading[J]. IEEE Transactions on Communications，2007，55（2）：247-250.

[88] CHAU Y A，HUANG K Y. Spatial diversity with a new sequential maximal ratio combining over wireless fading channels[C]. IEEE International Workshop on Signal Processing Advances in Wireless Communications，2011：241-245.

[89] KIM M S，YOON M，LEE C. Performance Analysis of a Frequency

Domain Equal Gain Combining Time Reversal Scheme for Distributed Antenna Systems[J]. IEEE Communications Letters, 2012, 16 (9): 1454-1457.

[90] EKANAYAKE N. Equal-gain combining diversity reception of M-ary cpsk signals in nakagami fading[J]. IEEE Communications Letters, 2010, 14 (4): 285-287.

[91] SAGIAS N C, KARAGIANNIDIS G K, ZOGAS D A, et al. A verage output SINR of equal gain diversity in correlated Nakagami-m fading with cochannel interference[J]. IEEE Transactions on Wireless Communications, 2005, 4 (4): 1407-1411.

[92] RASMUSSEN L K, WICKER S B. A comparison of two combining techniques for equal gain, trellis coded diversity receivers[J]. IEEE Transactions on Vehicular Technology, 1995, 44 (2): 291-295.

[93] Swaminathan R, Roy R, Selvaraj M D. Performance Comparison of Selection Combining With Full CSI and Switch and Examine Combining With and Without Post-Selection[J]. IEEE Transactions on Vehicular Technology, 2016, 65 (5): 3217-3230.

[94] SOM P, CHOCKALINGAM A. Bit Error Probability Analysis of SSK in DF Relaying with Threshold-Based Best Relay Selection and Selection Combining[J]. IEEE Communications Letters, 2014, 18 (1): 18-21.

[95] LIN K J, TSENG Y C. Adaptive selection combining for soft handover in OVSF W-CDMA systems[J]. IEEE Communications Letters, 2004, 8 (11): 656-658.

[96] KIM Y G, BEAULIEU N C. S+N Energy Selection Combining for MPSK and 16-QAM Signaling in Nakagami-m and Rician Fading Channels[J]. IEEE Transactions on Communications, 2011, 59 (2): 448-453.

[97] KO Y C, ALOUINI M S, SIMON M K. Performance analysis and optimization of switched diversity systems[J]. IEEE Trans. Veh. Teehnol., 2000: 1813-1831.

[98] TELLAMBURA C, ANNAMALAI A, BHARGAVA V K. Unified analysis

of switched diversity systems in independent and correlated fading channel[J]. IEEE Trans. Cornmun，2001，49：1955-1965.

[99] YANG H C，ALOUIN M S. Markov Chains and performance comparison of switched diversity systems[J]. IEEE TranS. Commun.，2004，52（7）：1113-1125.

[100] FEMENIAS G. Reference based dual switch and stay diversity systems over correlated Nakagami fading channels[J]. IEEE Trans. Veh. Technol.，2003，52：902-918.

[101] SAGIAS N C，MATHIOPOULOS T. Switched diversity receivers over generalized gamma fading channels[J]. IEEE Communications Letters，2005，9（10）：871-873.

[102] KRSTIE D S，NIKOLIE P，MATOVIE M，et al. The Joint Probability Density Function of the SSC Combiner Output Signal in the Presence of Nakagami-m Fading[C]. Proc. . of the Fourth International Conference on Wireless and Mobile Communications Athens，2008，409-416.

[103] KATULSKI R J. Polarization diversity in mobile communication[J]. Microwave，Radar and Wireless Communications，2000，2：387-389.

[104] MAO X P，MARK J W. On polarization Diversity in Mobile Communications[C]. International Conference on Communication Technology，2006：1-4.

[105] 王涛. 弹道中段目标极化域特征提取与识别[D]. 长沙：国防科技大学，2006.

[106] REED I S，MALLETT J D，BRENNAN L E. Rapid convergence rate in adaptive arrays[J]. IEEE Transactions on Aerospace and Electronic Systems，1974，10（6）：853-863.

[107] LORENZ R，BOYD S P. Robust minimum variance beamforming[J]. IEEE Transactions on Signal Precessing，2005，53（5）：1684-1696.

[108] YU J L，YEH C C. Generalized Eigenspace Based Beamformers[J]. IEEE Transactions on Signal Precessing，1995，43（1）：2453-2461.

[109] LEE C C，LEE J H. Eigenspace based adaptive array beamforming with robust capabilities[J]. IEEE Transactions on Antennas Propagation，1997，45（12）：1711-1716.

[110] FROST O L. An algorithm for linearly constrained adaptive array processing[J]. Proceedings of the IEEE，1972，60（8）：926-935.

[111] BELL K L，EPHRAIM Y，VAN TREES H L. A Bayesian approach to robust adaptive beamforing[J]. IEEE Transactions on Signal Precessing，2000，48（2）：386-398.

[112] 廖桂生，保铮，张林让. 基于特征结构的自适应波束形成新算法[J]. 电子学报，1998，26（3）：23-26.

[113] 赵永波，刘茂仓，张守宏. 一种改进的基于特征空间自适应波束形成算法[J]. 电子学报，2000，28（6）：13-15.

[114] 张林让. 自适应阵列处理稳健方法研究[D]. 西安：西安电子科技大学，1998.

[115] CHANG L，YEH C C. Effect of pointing errors on the performance of the projection beanformer[J]. IEEE Transactions on Antennas Propagation，1993，41（8）：1045-1055.

[116] GODARA L G. Error analysis of the optimal antenna array processors[J]. IEEE Transactions on Aerospace and Electronic Systems，1986，22（3）：395-409.

[117] JABLON N K. Adaptive beamforming with the generalized sidelobe canceller in the presence of array imperfections[J]. IEEE Transactions on Antennas Propagation，1986，34（8）：996-1012.

[118] COX H，ZESKIND R M，OWEN M M. Robust adaptive beamforming[J]. IEEE Transactions on Acoustics Speech & Signal Processing，1987，35（10）：1365-1376.

[119] LI J，STOICA P，WANG Z. On robust Capon beamformin and diagonal loading[J]. IEEE Transactions on Signal Precessing，2003，51（7）：1702-1715.

[120] SUBBARAM H，ABEND K. Interference Suppression Via Orthogonal Projection：a Performance Analysis[J]. IEEE Transactions on Antennas Propagation，1993，41（9）：1187-1193.

[121] GUERCI J R. Theory and application of covariance matrix tapers to robust adaptive beamforming[J]. IEEE Transactions on Signal Precessing，2000，47（4）：977-985.

[122] RIBA J，GOLDBERG J，VAZQUEZ G. Robust beamforming for interference rejection in mobile communications[J]. IEEE Transactions on Signal Precessing，1997，45（1）：271-275.

[123] CARLSON B D. Covariance matrix estimation errors and diagonal loading in adaptive arrays[J]. IEEE Transactions on Aerospace and Electronic Systems，1988，24（1）：397-401.

[124] 郭庆华，廖桂生. 一种稳健的自适应波束形成器[J]. 电子与信息学报，2004，26（1）：146-150.

[125] 张小飞，徐大专. 基于频域 LMS 的自适应波束形成算法[J]. 中国空间科学技术，2005，25（2）：41-46.

[126] KULPA K S，CZEKALA Z. Ground clutter suppression in noise radar[C]. In Proceedings of Interference Radar Conference，Toulouse，France，2004：236-240.

[127] GUNNER A，TEMPLE M A，CLAYPOOLE R J. Direct-path filtering of DAB waveform from PCL receiver target channel[J]. Electronics Letters，2003，39（1）：1005-1007.

[128] XU Y J，TAO R，WANG Y，et al. Using LMS adaptive filter in direct wave cancellation[J]. Journal of Beijing Institute of Technology（English Edition），2003，12（4）：425-428.

[129] HOWLAND P E，MAKSIMIUK D，REITSMA G. FM radio based bistatic radar[J]. IEE Proceedings Radar，Sonar and Navigation. 2005，152（3）：107-115.

[130] CARDINALI R，COLONE F，FERRETTI C，et al. Comparison of Clutter

and Multipath Cancellation Techniques for Passive Radar[C]. IEEE Radar Conference, Boston, MA, USA, 2007: 469-474.

[131] COLONE F, CARDINALI R, LOMBARDO P. Cancellation of clutter and multipath in passive radar using a sequential approach[C]. IEEE Conference on Radar, Verona, NY, USA, 2006: 393-399.

[132] MELLER M, TUJAKA S. Block Least Mean Squares processing of noise radar waveforms[C]. IEEE Radar Conference, Pasadena, CA, USA, 2009, 1-6.

[133] COLONE F, O'HAGAN D W, LOMBARDO P, et al. A multistage processing algorithm for disturbance removal and target detection in passive radar[J]. IEEE Transactions on Aerospace and Electronic Systems, 2009, 45 (2): 698-722.

[134] KULPA K, DAWIDOWICZ B, MASLIKOWSKI L, et al. Single channel clutter cancelation in mobile PCL[C]. IEEE Interference Microwave and Radar Conference, Poznan, Poland, 2018: 593-594.

[135] FU Y, WAN X. R, ZHANG X, et al. A parallel processing algorithm for multipath clutter cancellation in passive radar[C]. IEEE Interference Symposium on Antennas, Propagation and EM Theroy, Guilin, China, 2016: 508-511.

[136] COLONE F, LOMBARDO P. Polarimetric Passive Coherent Location[J]. IEEE Transactions on Aerospace and Electronic Systems, 2015, 51 (2): 1079-1097.

[137] COLONE F, LOMBARDO P. Non-coherent adaptive detection in passive radar exploiting polarimetric and frequency diversity[J]. IET Radar, Sonar &Navigation, 2016, 10 (1): 15-23.

[138] FILIPPINI F, COLONE F, CRISTALLINI D, et al. Experimental results of polarimetric detection schemes for DVB-T-based passive radar[J]. IET Radar, Sonar &Navigation, 2017, 11 (6): 883-891.

[139] COLONE F, LOMBARDO P. Multi-frequency polarimetric target

detection in FM-based passive radar[C]. IEEE Radar Conference, Johannesburg, South Africa, 2015: 156-161.

[140] COLONE F, LOMBARDO P. Exploiting polarimetric diversity in FM-based PCL[C]. IEEE Interference Radar Conference, Lille, France, 2014: 1-6.

[141] COLONE F, LOMBARDO P. A practical approach to polarimetric adaptive target detection in passive radar[C]. IET International Conference on Radar Systems, Belfast, UK, 2017: 1-6.

[142] CONTI M, MOSCARDINI C, CAPRIA A. Dual-polarization DVB-T Passive Radar: Experimental Results[C]. IEEE Interference Radar Conference, Philadelphia, PA, USA, 2016: 1-5.

[143] SON Y, YAZICI B. Passive polarimetric multistatic for ground moving target[C]. IEEE Interference Radar Conference, Philadelphia, PA, USA, 2016: 1-6.

[1 KYRRE S, ØYSTEIN L S, ERLEND F. et al. DVB-T Passive Radar Dual Polarization Measurements in the Presence of Strong Direct Signal Interference[C]. IEEE International Radar Symposium, Prague, Czech Republic, 2017: 1-9.

[145] ZENG Y H, AI X F, WANG L D, et al. Experimental Research of Dual-polarization Passive Radar Based on DTTB Signal[J]. Journal of Computer and Communications, 2016, 4: 101-107.

[146] 尤君. 基于多调频广播信号的外辐射源雷达关键技术研究[D]. 武汉：武汉大学，2015.

[147] 徐在新，密子宏. 从法拉第到麦克斯韦[M]. 北京：科学出版社，1986.

[148] 王超，张红，等. 全极化合成孔径雷达图像处理[M]. 北京：科学出版社，2008.

[149] LEE W C Y, YU Y. Polarization Diversity System for Mobile Radio[J]. IEEE Transactions on Communications, 1972, 20 (5): 912-923.

[150] WEI D, LIANG L, ZHANG M, et al. Apolarization stateMc lulation based Physical Layer Security scheme for Wireless Communications[C]. IEEE Military Communications Conference, Baltimore, MD, USA, 2016: 1-7.

[151] EVANGELIDES S G J, MOLLENAUER L F, GORDON J P, et al. Polarization multiplexing with solitons[J]. Journal of Lightwave Technology, 1992, 10（1）: 28-35.

[152] 张锐戈，王兰美，魏茂金. 矢量天线相位误差校正新方法[J]. 雷达科学与技术，2007，5（4）.

[153] HANLE E. Survey of bistatic and multistatic radar[J]. IEE Proceedings F-Communications Radar and Signal Processing, 1986, 133(7): 587-595.

[154] 杨振起，张永顺，骆永军. 双（多）基地雷达系统[M]. 北京：国防工业出版社，2001.

[155] RIO V S D, MOSQUERA J M P, ISASA M V, et al. Statistics of the degree of polarization[J]. IEEE Transactions on Antennas and Propagation, 2006, 54（7）: 2173-2175.

[156] WOLF E. Coherence properties of partially polarized electromagnetic radiation[J] Nuovo Cimento, 1959, 10（13）: 1165-1181.

[157] 艾小锋，曾勇虎，高磊，等. 飞机目标全极化双基地散射特性研究[J]. 雷达学报，2016，6（6）：639-646.

[158] STEWART N A. Use of Crosspolar Returns to Enhance Target Detection[J]. IEE Proceedings of Communications, Radar and Signal Processing, 1982, 129（2）: 73-78.

[159] 常宇亮，文玲，戴幻尧. 目标交叉极化散射特性的强度分析[J]. 雷达科学与技术，2012，10（5）：544-548.

[160] REN B, SHI L F, WANG G Y. Statistical properties of the polarisation ratio for dual-polarisation radar operating at simultaneous reception mode[J] IET Radar, Sonar & Navigation, 2016, 10,（5）5: 870-876.

[161] WANG K, CHENG F, YI J X, et al. Self-Calibration Method of Sensors

Array Errors Based on Rotation Measurement[J]. IEEE Sensors Journal，2023，23（3）：2311-2319.

[162] WANG K，YI J X，CHENG F，et al. Array Errors and Antenna Element Patterns Calibration Based on Uniform Circular Array[J]. IEEE Antennas and Wireless Propagation Letters，2021，20（6）：1063-1067.

[163] 王兰美，廖桂生，王洪洋. 矢量传感器增益校正与补偿[J]. 电波科学学报，2005，20（5）：687-690.

[164] 王兰美，廖桂生，王洪洋. 矢量传感器幅相误差校正与补偿[J]. 系统仿真学报，2007，19（6）：1326-1328.

[165] 何密，王雪松，肖顺平，等. 点目标无源极化校准研究进展[J]. 电波科学学报，2011，26（6）：1218-1226.

[166] 王雪松，常宇亮，李永祯，等. 极化雷达的同时全极化测量与校准技术[J]. 科学导报，2011，29（26）：43-49.

[167] 任博，施龙飞，王国玉. 基于环境扰动模型的干扰抑制极化滤波器性能研究[J]. 电子学报，2016，44（3）：527-534.

[168] WANG H，WANG J，ZHONG L. Mismatched filter for analogue TV-based passive bistatic radar[J]. IET Radar，Sonar & Navigation. 2011，5（5）：573.

[169] 朱家兵，洪一，陶亮，等. 基于自适应分数延迟估计的 FM 广播辐射源雷达直达波对消[J]. 电子与信息学报. 2007，29（7）：1674-1677.

[170] YI Y. C，ZHU L，LIANG L，et al. Reference Signal Extraction Based on Multiprocessing Method in Dual-Polarization Antenna Passive Radar[J]. International Journal of Microwave and Wireless Technologies，2022，1-11.

[171] 彭石，颜永红，黑勇，等. 一种适用于 CMMB 系统的信道估计方法[J]. 宇航计测技术. 2010，30（3）：49-52.

[172] O'HAGAN D. W，KUSCHEL H，HECKENBACH J，et al. Signal reconstruction as an effective means of detecting targets in a DAB-based PBR[C]. IEEE International Radar Symposium，Vilnius，Lithuania，2010：1-4.

[173] KUSCHEL H，UMMENHOFER M，O'HAGAN D W，et al. On the resolution performance of passive radar using DVB-T illuminations[C]. IEEE International Radar Symposium，Vilnius，Lithuania，2010：1-4.

[174] BACZYK M K，MALANOWSKI M. Reconstruction of the reference signal in DVB-T-based passive radar[J]. International Journal of Electronics and Telecommunications. 2011，57（1）：43-48.

[175] KUSCHEL H，HECKENBACH J，MULLER S，et al. On the potentials of passive，multistatic，low frequency radars to counter stealth and detect low flying targets[C]. IEEE Radar Conference，Rome，Italy，2008：1-6.

[176] KUSCHEL H，HECKENBACH J，O'HAGAN D W，et al. A hybrid multi-frequency Passive Radar concept for medium range air surveillance[C]. IEEE Microwaves，Radar and Remote Sensing Symposium，Kiev，Ukraine，2011：275-279.

[177] MILLET N，KLEIN M. Passive radar air surveillance：Last results with multi-receiver systems[C]. IEEE Proceedings International Radar Symposium，Leipzig，Germany，2011：281-285.

[178] GRIFFITHS H D，BAKER C J. Passive coherent location radar systems. Part 1：performance prediction[J]. IEE Proceedings - Radar，Sonar and Navigation. 2005，152（3）：153-159.

[179] LOMBARDO P，COLONE F，BONGIOANNI C，et al. PBR activity at INFOCOM：Adaptive processing techniques and experimental results[C]. IEEE Radar Conference，Rome，Italy，2008：1-6.

[180] MALANOWSKI M，KULPA K，SAMCZYNSKI P，et al. Experimental results of the PaRaDe passive radar field trials[C]. IEEE International Radar Symposium，Warsaw，Poland，2012：65-68.

[181] 万显荣，岑博，易建新，等. 中国移动多媒体广播外辐射源雷达参考信号获取方法研究[J]. 电子与信息学报，2012，34（2）：338-343.

[182] 方亮，万显荣，易建新，等. 外辐射源雷达多径杂波抑制的快速横向滤波算法[J]. 电波科学学报，2014，29（5）：911-915.

[183] 方亮，万显荣，易建新，等. 基于梯度自适应格型滤波的外辐射源雷达多径杂波抑制算法[J]. 系统工程与电子技术，2013，35（11）：2291-2295.

[184] CARDINALI，R，COLONE，F，FERRETTI，C，et al. Comparison of clutter and multipath cancellation techniques for passive radar[C]. IEEE Radar Conference，Boston，MA，USA，2007：469-474.

[185] COLONE F，O'HAGAN D W，LOMBARDO P，et al. A multistage processing algorithm for disturbance removal and target detection in passive radar[J]. IEEE Transactions on Aerospace and Electronic Systems，2009，45（2）：698-722.

[186] ZHAO Z X，WAN X R，SHAO Q H，et al. Multipath clutter rejection for digital radio mondiale-based HF passive bistatic radar with OFDM waveform[J]. IET Radar，Sonar & Navigation，2012，6（9）：867-872.

[187] 张小飞，汪飞，徐大专. 阵列信号处理的理论和应用[M]. 北京：国防工业出版社，2010.

[188] 程翥，李双勋，薛鸿印，等. 一种简化的单约束波束形成方法[J]. 系统仿真学报，2007，19（12）：2673-2676.

[189] 唐孝国，张剑云，洪振清. 一种改进的 MVDR 相干信源 DOA 估计算法[J]. 电子信息对抗技术，2012，27（6）：6-10.

[190] 戴凌燕，王永良. 基于改进不确定集的稳健波束形成算法[J]. 雷达科学与技术，2009，7（6）：461-465.

[191] 王亚莉，何小锋. MIMO 阵列波束形成方法研究[J]. 现代雷达，2012，34（5）：20-22.

[192] 何友，关键，孟祥伟，等. 雷达目标检测与恒虚警处理[M]. 北京：清华大学出版社，2011.

[193] FINN H M，JOHNSON R S. Adaptive detection mode with threshold control as a function of spatially sampled clutter-level estimates[J]. RCA Review，1968，29，414-464.

[194] 刘朝军，张欣，王守权. 雷达目标恒虚警检测算法研究[J]. 舰船电子

工程，2008，28（7），107-109.

[195] BONGIOANNI C，COLONE F，MARTELLI T，et al. Exploiting Polarimetric Diversity to Mitigate the Effect of Interferences in FM-based Passive Radar[C]. IEEE International Radar Symposium，Vilnius，Lithuania，2010：1-4.

[196] BONGIOANNI C，COLONE F，LOMBARDO P. Performance Analysis of a Multi-frequency FM based Passive Bistatic Radar[C]. IEEE Radar Conference，Rome，Italy，2008：1-6.

[197] CAO X M，GONG Z P，YI Y C，et al. Design of a dual-polarized Yagi-Uda antenna for the passive radar[C]. IEEE International Symposium on Antennas，Propagation and EM Theory，Guilin，China，2016：125-128.

[198] 易钰程，万显荣，曹小毛，等. UHF 频段外辐射源雷达极化阵列幅相误差校准实验研究[C]. 第十四届全国电波传播学术讨论年会，山东青岛，2017.

[199] YI Y C，wan X R，YI J X，et al. Polarization Diversity Technology Research in Passive Radar Based on Subcarrier Processing[J]. IEEE Sensors Journal，2019，19（5）：1710-1719.

[200] YI Y C，WAN X R，YI J X，et al. Polarisation experimental research of passive radar based on digital television signal [J]. IET Electronics Letters，2018，54（6）：385-387.

[201] YI Y C，ZHU L，CAO X M. Signal Fusion Research in Passive Radar Based on Polarization Diversity Technology[J]. International Journal of Microwave and Wireless Technologies，2022，15（3）：410-423.

致 谢

本书是在作者易钰程博士学位论文《基于极化分集技术的外辐射源雷达信号处理方法研究》基础上研究形成的著作。“书山有路勤为径，学海无涯苦作舟”。以勤为本，导师是书山指引者；苦中作乐，导师是学海导航灯。因此，首先衷心感谢我的博士生导师——武汉大学万显荣教授对我为人、为学的谆谆教诲。感谢武汉大学柯亨玉教授在我博士期间的耐心指导，让我受益匪浅。感谢武汉大学的程丰老师、饶云华老师以及龚子平老师在我博士期间的给予的帮助。感谢同学易建新、谢锐、傅岩、唐慧对我科研上的协助。感谢实验室的师弟、师妹们在实验中的付出，特别感谢师弟曹小毛与汪可在本书写作过程中提供的帮助。感谢华东交通大学信息工程学院领导、同仁给本书提供的宝贵建议与意见。

本书获得了江西省自然科学基金项目、江西省重点研发项目及江西省教育厅科技项目的支持：

江西省自然科学基金项目，基于极化分集技术的外辐射源雷达干扰抑制与目标合成方法研究（20212BAB202005）

江西省重点研发计划，轨道交通被动防撞预警辅助系统研究（20202BBEL53014）

江西省教育厅科技项目，基于极化认知的外辐射源雷达动态融合及智能选频技术研究（GJJ200667）

江西省自然科学基金项目，面向智能车路云协同的边缘计算网络多点协作任务调度及资源配置优化（20232BAB202019）

易钰程

2023 年 8 月于华东交通大学